蠹鱼文丛

策划组稿：周音莹
　　　　　夏春锦
篆　　刻：寿勤泽

李泽厚刘纲纪美学通信

杨斌 编

蠹鱼文丛

浙江古籍出版社

图书在版编目(CIP)数据

李泽厚刘纲纪美学通信/杨斌编.—杭州：浙江古籍出版社，2021.7
（蠹鱼文丛）
ISBN 978-7-5540-2052-4

Ⅰ.①李… Ⅱ.①杨… Ⅲ.①美学—文集 Ⅳ.B83-53

中国版本图书馆CIP数据核字（2021）第122795号

李泽厚刘纲纪美学通信
杨 斌 编

出版发行	浙江古籍出版社
	（杭州市体育场路347号 邮编：310006）
网　　址	www.zjguji.com
责任编辑	郑雅来
文字编辑	孙科镂
整体装帧	吴思璐
责任校对	安梦玥
责任印务	楼浩凯
照　　排	浙江时代出版服务有限公司
印　　刷	浙江新华印刷技术有限公司
开　　本	710 mm × 1000 mm　1/16
印　　张	14.25
彩　　插	2
字　　数	220千字
版　　次	2021年7月第1版
印　　次	2021年7月第1次印刷
书　　号	ISBN 978-7-5540-2052-4
定　　价	78.00元

如发现印装质量问题，影响阅读，请与市场营销部联系调换。

李泽厚（左一）与刘纲纪

李泽厚（1930—　），湖南长沙人，中国社会科学院哲学研究所研究员，20世纪50年代创立"实践美学"。1988年当选巴黎国际哲学院院士。1992年客居美国，先后任美国、德国等多所大学客席讲座教授。1998年获美国科罗拉多学院人文学荣誉博士学位。2010年入选世界最具权威的《诺顿理论和批评选集》，跻身于世界伟大文艺理论家行列。主要著作有《批判哲学的批判——康德述评》《美的历程》《华夏美学》《美学四讲》《中国古代思想史论》《中国近代思想史论》《中国现代思想史论》《论语今读》《走我自己的路》《己卯五说》等。

刘纲纪（1933—2019），贵州普定人，武汉大学人文社科资深教授，博士生导师，2008年被中国美术家协会授予"卓有成就的美术史论家"称号，2010年入选中共湖北省委命名表彰的首批"荆楚社科名家"。其与李泽厚共同主编、并执笔撰写的《中国美学史》第一、二卷，填补了国内很长时期以来没有一部系统的中国美学史的空白，被公认为中国美学史的"开山之作"，在海内外产生了深远影响。主要著作还包括《"六法"初步研究》《书法美学简论》《美学与哲学》《艺术哲学》《美学对话》《〈周易〉美学》等。

目 录

1	一九七九年	6通
7	一九八〇年	11通
14	一九八一年	16通
23	一九八二年	5通
29	一九八三年	13通
40	一九八四年	15通
53	一九八五年	26通
78	一九八六年	49通
118	一九八七年	15通
134	一九八八年	8通
140	一九八九年	24通
160	一九九〇年	21通
177	一九九一年	6通
182	一九九二年	6通
188	一九九三年	4通
194	一九九四年	8通
202	一九九五年	8通
208	一九九六年	3通

213　　一九九九年　1通

215　　附录一　《中国美学史》第一卷后记
218　　附录二　《中国美学史》第二卷后记
219　　编后记

一九七九年　6通

1

纲纪同志：

来信收到。聘请事因全盘考虑，暂缓进行，别无他故。届时仍当以聘书奉上。

你如能参加《中国美学史》（我们正在编写第一卷先秦部分），当然万分欢迎。如能定下来，当找个机会仔细商谈一下，意下如何？

《美学理论》准备下步进行，拟先译出卢卡契等人著作后，再着手。这样，更有把握（100万字的《美学》乃其晚年成熟期著作）一些，因为脱手必须是国际水平才好交代。这也是我们决定先搞《中国美学史》的一个原因。

你的想法如何？近期、远景如何打算？均望告之一二。

匆此，祝

好！

泽厚

一九七九年三月廿日

2

泽厚同志：

来信谨悉。聘请一事承告以实况，甚感。据闻武大有那么几个人常在京利用各种机会给武大以及我作反宣传，所以上次才向你讯及此事。其中有一些无聊的事，这里不去说它了。

写《中国美学史》一事，我意是由你来主持，这是很适合的。参加者恐不需太多，以精干为好，同时研究问题的方法和观点要基本一致才行，你在理论观点上作全盘考虑，大家分工合作来搞，争取弄出一部能够有较长的生命的东西来。在写法上，尽可能详细一些，弄一个大部头的东西来，这叫一不做，二不休，要搞就搞彻底一些。在你的主持之下，我认为完全有把握搞好。我甚愿来贡献自己的一分力量。本来我也有写的打算，并已列入学校的科研规划，但我一个人在这里单干，当然不如同你们一起干可以更快更好地完成这一任务。昨天我已同学校方面谈过，他们同意我和你们一起合作。

我的规划，除原来设想的写《中国美学史》之外，现在正断断续续进行的是对鲁迅美学思想的研究。将来还想对美和艺术的本质作一些研究。另外，去年写了一本从美学上研究书法的小书①，这里的出版社答应出，但什么时候能出，还是一个未知数。有关中国绘画的一些问题，包括历史，我也有研究的设想，但缺少进行研究的客观条件。目前有时还写一点关于现实理论问题的短文，这说不上是什么研究。不过，我常感现实的社会政治问题不解决，美学之类的问题是不好解决的。所以偶有想法，就情不自禁地想写。今后的中国社会的发展，实在也是值得密切注视和研究的问题。

将来再着手弄美学一般理论的想法很好。我想应努力争取写出像《资本论》那样严整系统的东西出来。开始的时候，倒不一定就写一部美学概论这样的东西，能不能先写某一问题（如美的本质、艺术的本质以及相关的其他问题）的专门著作。

我和这里的几位同志将于十五日去济南参加全国哲学规划会议，不知你有时间去参加否。如能去，有机会面叙，那就太好了。

再谈，祝健！

纲纪
四月十四日

---

① 指刘纲纪《书法美学简论》，湖北人民出版社，1979年12月初版。

又，前一段协助王朝闻同志编了他的艺术评论的选集①，年内将陆续出版。

3

泽厚同志：

武汉团市委的同志将在武汉举办全国高校青年讲演比赛，他们想请您指导。现介绍他们前来拜访您，盼予接待，并给支持。

祝好！

纲纪

十一、十七

4

纲纪同志：

在京未及晤面，甚是遗憾。原拟和你细商的《美学史》工作计划，只能俟诸他日了。第一卷先秦部分大体完初稿，即进入两汉。想请你来写绪论（也是全书绪论），讲讲《中国美学史》的对象、目的、意义、特点之类，不知意下如何？环顾海内，似以阁下最为合适。望勿推卸。能否明年春天交稿？望复。

全书计划未变。如你愿先搞第二卷（魏晋隋唐），则更好，记得济南时你说及过对这段更有兴趣。如何？请酌定。

拙作《康德》书②，反应似可。外国人之意见，是对原发表在吉林《社会科学战线》上之该书第九章③中的一个小注批评了葛兰西、阿尔都塞，表示不满，认为他们是左派。其余没看到或听到甚么。但我仍坚持原有看法，认为

---

① 指《王朝闻文艺论集》，由上海文艺出版社于1979—1980年分三集出版。
② 指李泽厚《批判哲学的批判——康德述评》，人民出版社，1979年3月初版。
③ 指李泽厚《论康德的宗教、政治、历史观点》，《社会科学战线》1978年创刊号。

他们（葛、阿等人）在理论上有错误。现在有一种不良倾向，似乎外国人放个屁也值得大惊小怪，真真可怜。你的看法很对。

近来研究些甚么？进展如何？均望告。

匆匆，

握手

泽厚
十一、廿三

5

纲纪同志：

信到。很高兴。甚盼绪论春节前后能收到，似可包括《中国美学史》的对象、范围、特点诸问题，三万字左右即可。

争取春天见面一次，商量一下全书问题。从长远讲，我甚想以后将此工作的主持转给你一部分。因此，很希望你尽速集中力量在这方面，有些事情似可适当放一放。

魏晋封建说本历史界王仲荦、何兹全诸人主张。何在近年《历史研究》上有文章①，似可参阅。我最近两篇文章：《魏晋风度》（载《中国哲学》二辑，年底或年初出版）、《孔子再评价》（《中国社会科学》拟刊用，如用则三月可出），也请你届时指正。

上次你答应的全部提纲，仍望拟好寄来，不必客气。特别是唐宋以后的线索，应如何安排，尚没人碰过，所以很想看到你的意见。

余不一一，致

礼

泽厚
十二、八

---

① 指何兹全《汉魏之际封建说》，《历史研究》1979 年第 1 期。

又，张志扬曾多次来信，请你就近予以帮助，我看他有哲学思辨才能，不知你的印象如何？望告。

6

纲纪同志：

十六日信收到，很同意你的一些看法，弄史应有思想，否则一堆材料，有何意味？望你能尽速集中精力搞，如你校能放和此间有房（此为目前极大困难），我想应设法使你调京（或先长期借调），以摆脱许多不相干的打扰和忙乱。

拙作《近思史》①样书已出，书店尚未上市，容后补寄。此书也许与现实关系更近一点。

文研院去讲了一次，听说你在那里传道授业已成系统了。

匆此，

握手（静候绪论佳音）

泽厚

十二、十八

---

① 指李泽厚《中国近代思想史论》，人民出版社，1979年7月初版。

纲纪同志:

十七日信收到。你寄之信今天方收到,但尚未看,容再复。

我已寄去一批材料,你今天或明天即可收到。此外,前几天我寄了些材料给武汉哲学社会科学研究所筹备处的调查组,要他们转你,不知你收到否。

我和山西有矣(应为刘)同志前几天也通了电话,他推迟到月底才去上海,以将服务态度和办事效率提高一点。

我的《美学论集》已发稿,将由上海文艺出版社出版。

论著社史,你还是要写一点。

又及,你能否来京一趟?有话面谈更好。

匆复,即致
敬礼!

泽厚
十二,十八

(彭信扬同志佳否)

一九七九年十二月十八日李泽厚致刘纲纪

一九八〇年　11通

1

纲纪同志：

十九日信收到。知教学甚忙，但仍望尽可能多搞《美学史》，蔡文不写也罢（由你自己决定）。讨论题已发出，不便再改。并且如讨论美的本质，以目前国内水平，易流为空论，仍与当年相差不远，这问题拟下次会议再展开。《美学》二辑有四篇谈《手稿》[①]文，亦为此作准备的。

绪论拟根据手定，暂不打印抛出。一切面叙。祝

好

泽厚

四、二

明日赴日访问，中旬回来，届时再联系。

2

纲纪同志：

来信收到。完全同意你对道家的看法。在美学史上更值得大书一番。

美学会期已定（六月三日昆明报到，务请勿迟到），想通知已收到。届时想请你作正式讲演，如何？一切面叙。祝

---

① 指马克思《1844年经济学—哲学手稿》。

好

泽厚

五、廿六

3

纲纪同志：

信收到，我们当然希望你能尽早来"统"《美学史》，但是看来此项工程颇为巨大。从各篇初稿来说，是一个改写问题，部分字数在 20 万以上。论点和材料皆尽量保存，但结构、文字须重写。有的（如孔子前的那一章只是些资料）还须加分析、说明。你看如何办为好？我想你是否先改"孔""墨"两章（即昆明会议上发的铅印稿，你还有吧）？

"孔""墨"之前的一章，不日寄来。（"孔""墨"即第二、三章。）出版社确在催，不知你能否双管齐下？我连月因发《美学》三期稿，今日始全部完毕，又加上一些杂务（开各种会，去北师大讲课，等等），《美学史》只有仰仗吾兄了。但我也仍将尽力干的。匆此，祝

好

泽厚

十、九

4

纲纪同志：

来信收到，我的信想也收到。知《美的本质》甚受欢迎，非常高兴。真理毕竟要战胜偏见的。如愿意，我可介绍大作给社科出版社。

甚盼能尽早动手《美学史》，能否十一月改完（实际大量须改写）"前孔""孔""墨"？再寄"孔""墨"初稿各一份，能剪贴则剪贴之。但"孔子"文我已增加一点意思：即孔子甚重视人的全面发展（所以是反异化

的），美学思想应站在这个大前提下来讲才能深刻。以为如何？如同意，即请大力发挥。（本有一大问题，就是如何能提到哲学—美学高度来讲，此种能力，非每人均有，所以甚望你来统改。）匆匆，
握手

泽厚
十、廿四

5

纲纪同志：

　　前寄挂号想已收到。看来先孔部分可能不能单独成章，干脆以孔子作第一章，中和、私德材料放在另一章（春秋战国的音乐美学思想，已写好）去讲，且可避免重复。以为如何？因此，是否请你先动手改"孔""墨"？"孔子"一章颇重要，似需提高角度才能讲深。

　　下面的重点是庄、荀（包括《乐记》，作为荀子学派讲），想十二月寄来，如何？

　　你在哲所事已谈，甚好。《美学》二辑，想上海已寄你。其中拙文①请提意见。祝
好

泽厚
十、廿九

6

纲纪同志：

　　前后两信收到。寄稿想近日可到。我想你一定写得很好，不必增加甚么

---

①　指李泽厚《关于中国古代艺术的札记（三则）》，见《美学》第二期，上海文艺出版社，1980 年 7 月初版。

了，包括你信上要加的那句话在内。

"孟""庄""荀"等想月底寄出，如何？前孔部分决定不单独成章了，材料可插入各章，其中讲私德应入"五行"章（有此一章，已有初稿）。"美"字来源则可作附注，礼入"孔子"章，说明美、善概念至孔子时已有区分。等等。

匆此，
握手

泽厚

十一、四

7

纲纪同志：

前后三函及稿均收到，我日前一信想也到。武昌文论会曾邀我参加，以事未能去，不知情况如何？如何使中国古典理论科学化，似一主要课题。钱锺书式解书式我也是不欣赏的。

拙作尚望多提意见，建筑部分毕竟讲得太简单了。这是我一贯的毛病，喜欢语焉不详。

"孟""庄""屈""荀"可在十二月寄出。"概观"同意你的意见，全部改完再改更顺手。

五六十年代争论的总结，由你来写，甚好。老实说，好些人并不大能懂得这次讨论的价值，总嫌文抽象，不知哲学的意义和重要。匆匆，
握手

泽厚

十一、十四

8

纲纪同志：

信到。"孔子"（其他也一样）请你大改，但请尽可能利用原材料等。我也认为，"孔子"应以仁学为主体，从人的全面发展讲美育，因此，"游于艺""咏而归""好之者不如乐之者"等都很重要，它要求一个完整的非异化的人性。其价值甚高，超乎柏、亚（确如你所说）。这样从哲学上写，便很有意义，脱出目前文艺理论史平庸框架。

很想你能来北京，如何？只是住处困难，密云（我所有数间房，齐一、高尔太、王玖兴等人在该处）太远，冬天须生炉子（无暖气），进城甚不便。但办公室，你知道那状况，好处是白天楼下阅览室很安静，又没人。住旅馆，吃饭很不便，且脏。如何办呢？

一些杂事实在讨厌。我之请你赶快集中搞《中国美学史》，也是觉得阁下大才，分散精力太可惜。一些约稿、索稿以及杂务，以尽可能推掉为好。当然，有些可能是推不掉的。我现在也如此。

出了一本书（《美学论集》[①]），出版社才寄来24本，一要而空，而市面买不到。全是旧文章，你看见也许要好笑的，不送你了，想不见怪。

握手！

泽厚

十二、二

9

纲纪同志：

遵嘱寄上"孟""庄""屈"（"荀""老""韩"等也有，下次再寄），《美学史》先秦部分如能在25万字，即可出书，时间上能否再提前一点，这

[①] 李泽厚《美学论集》，上海文艺出版社，1980年7月初版。

很难为你了。能否早点来北京？

"孟""庄""屈"均需重写，特别是"庄"，乃特大重点，我虽两次提示修改，仍不成功。但该文一些基本东西是我提出的，如"对人生的审美态度"，我以为对中国知识分子及书画影响甚大。老、庄在文明初期有抗议异化的思想，似值得好好讲一下。如今西方所以对老子等兴趣甚浓，亦以此故。

总之，我室编写同志多中文系出身，理论能力局限很明显（需重新改写一遍），只有仰仗你了。《历程》（即外篇）[①]明年三四月可面世（本应今冬出的），届时当寄奉请教。听说你在武大讲课，不仅座无虚席，而且门窗均满，甚可贺也。

握手！

泽厚

十二、八

稿纸已递室内寄出，唯最近稿纸质量颇差。

10

纲纪同志：

七日信收到，我的信想也收到。正为兄来京住宿事奔忙，看来争取住较方便之招待所或有希望，不知何日能来？一月春节前后？

完全赞同"尽可能详尽的写法"，现在就是嫌字数不够。只行文中文词重复处可略加注意。

常务理事会纪要我至今未看，不知如何写的。仍是上信说的原则：可看可不看、可管可不管的，我一概不看不管，由它去吧，我们坚持我们的搞法，绝不简单联系实际。我最高兴的是，能与兄许多意见高度一致。

---

① 指李泽厚《美的历程》，文物出版社，1981年3月初版。此书被作者视作"中国美学史外篇"。

握手！

泽厚
十二、九

11

纲纪兄：

"孔子"收到。连忙读了一遍，觉得很好。只在"游于艺"等处略加了几句〔"游"有熟练掌握技能而得自由感等意。"吾与点也"段则有治国与个体人格、人生自由（审美的）的最高境界相同一意〕。人与自然有同形同构的感应关系，格式塔学派颇多阐发，不同于自然美的欣赏，亦加入。

就这样统下来吧。是否先弄庄子为好？庄为重点，亦至少需五万字。庄对人生的超功利的审美态度颇值大书特书，对后世影响甚大也。不只在艺术上。如兄前所说，与儒家相辅相成。有人说，"文化大革命"中，因为读《庄子》才没有去自杀，不知是真是假。

不知春节前能弄到哪里？能否春节前先将"庄子"一章弄好？

先孔部分原稿不用，可退我。匆匆，

握手

泽厚
十二、廿九

一九八一年 16通

1

纲纪同志：

九日信收到，十二日信亦到。

甚望"庄"稿充分注释，可不受篇幅限制，出版社一直在催稿，是我一再拖延，不敢说死，怕到时拿不出来，但今年内至少要交出才好。如想今年出版问世，则恐春夏之交，至迟夏季得交。你能尽早来京为好（住招待所已无问题，经费已申请获准，有数千元），以摆脱一切杂务。暂不能来，亦望抓紧，因工程量确乎不小，赶前不赶后则主动。

马采文校样，我处没有，如作者一定要改，可直接去信出版社，但恐来不及了，我看劝他算了吧。此词我并无偏爱，当时只是既已约定俗成，大家已习惯朱光潜的译法，不如从众。港台译法也是我告诉作者的。匆匆，

握手

泽厚

一月十六日

2

纲纪同志：

来信收到。绪论想春节前后能完稿吧。全书冠冕，倍在望中。

评蔡文可在《美学》三期发。夏季始谋集稿，因无几篇具一定质量之文章，宁推迟而勿滥也。所以不必急于动手，仍以《美学史》为主。

拙著二种，多人说（如邓力群、于光远等）应有较好书评，竟没人写得，也真可叹。匆此，颂

春节好

泽厚

一、卅一

3

纲纪兄：

春节病中过，倒也闲适，连大门也未出。庄生哲学即美学，对整个人生、世界取审美态度，故对后世中国影响甚巨，远非一枝一叶艺术原理。确应大书特书。不知何时竣工？仍请尽可能照顾原稿一些东西（但亦大不必拘泥、束缚）。近来翻阅国外材料，深感我们不能妄自菲薄。搞出来将使人刮目相看。

出版社仍在催促交稿，暂缓应之。甚盼大兄全力以赴也。匆匆，握手

泽厚

二、十四

4

纲纪兄：

来信收到，知绪论完成，甚为高兴。仍请你细改一遍，三月上旬寄我。想争取打印，并在全国美学会议上散发，届时也仍由你来讲一讲（或宣读）。会拟五月在江南（可能在无锡，尚未最后定妥）召开。领导上很重视，周扬同志对我即已提过好几次。

《中国美学史》如何能提前完成全书，至少今年把第一卷（先秦两汉）交出，望多考虑帮忙。出版社在催，社会上也颇注意。出版后看来国际上也

注意，现在就是人力单薄，进度慢。匆匆，祝

好！

泽厚

二、廿九

5

纲纪兄：

知想来京修改《美学史》，很高兴。拙意有三点：

（一）重复处似以尽量删去为好，更醒目。（二）各章谈及"自由""个性""人格"等等不少，有时似略感抽象，如何示以历史含义（有多处兄已提及：原始社会之遗留等）似可略加强以免他人挑剔。（三）引文如能找到学生帮忙核对，则更省事矣。余不赘，匆匆，祝

好！

泽厚

三、十

6

纲纪兄：

拙作《历程》样书已见，月底可出，届时寄奉不误。

"庄"文仍望尽早赶出，因后头尚有不少。研究生论文诚一负担，我亦如此。春节病后，至今仍未能如愿工作。

拟将阁下大名列入主编，以符名实，唯不知能获得室内同志同意否，当争取之。匆此，致

礼

泽厚

四、十

中国社会科学院哲学研究所

纲纪兄：接你信此次因日没去成，后时亦单不可惜，此文切望尽早寄出因尚欠不少，我已主梁诚一个把我正式派给你，望诺参加审阅之版使。报拾同了大秀划入之渐，以等定实，此次纪裁研室内会完毕后，尚多取。匆此，祝

安

泽厚 四•十

7

纲纪兄：

信到。此次溽暑如蒸，有劳挥汗作文，而招待甚差，至以为歉。

迄今未见转兄之信件，请查询一下是否地址写错？

老、庄虽后世统称道家，拙意似宜区别。老之特点乃寡情，故后世权术家颇用之，而法家出自老，亦不足怪也。庄则道是无情却有情，故于艺术家颇生影响。不知此意能入书中否？"概观"仍以吾兄执笔为好，分期事不重要，全书之统一风格更要紧也。匆匆，祝

好！

泽厚

八、十

8

纲纪兄：

沪上之行如何？身体好否？《美学》四期发稿在即（如吾兄尚有存稿，愿在此期发表，可一并赐下，但因字数已多，请勿太长），"孔子"文请尽速改毕寄下为盼。申江饭店夜所定规划，当不再变动，并望尽早实现，一切端赖吾兄也。

匆匆，祝

秋日如意

李泽厚

九、十一

9

纲纪兄：

前后信及"孔子"稿收到。沪上晤谈甚欢快。三人同心，其利断金。吾二人协力至少可快刀斩乱麻，将美学史迅速理一线索，然后以此财富转向理论，问鼎世界，将使人刮目相看矣。

尊夫人信已多次嘱室内同志查询，迄无结果。当再追问。匆匆，祝好

泽厚
九、廿三

10

纲纪兄：

绪论已细读，仍然觉得很好。只作了少量的增删。但最后一部分想请你补充一下：

（1）拟以戊戌变法为标志划为两大段。前段似可加入龚自珍、黄遵宪、康有为等人。后段则开始了真正近代意义的美学，似以梁启超、王国维、蔡元培以及鲁迅前期（《诗力说》）为主。

（2）拟一直写到五六十年代争论止，因之，鲁迅、瞿秋白、朱光潜、蔡仪和《生活与美学》等均需讲到。干脆搞一部全的美学史，何况现代颇好写。

（3）一共请写三四千字即可。但请尽快写好寄来为祷。

握手！

泽厚
十、廿六

刚收到十月廿三日信，完全同意"多引原始材料，并细密一些"，引文后并加评述，便于一般读者。现在发愁字数不够，先秦（先孔、孔、墨、

孟、庄、屈、荀、韩），如有二十万字（包括绪论），即可交出版社。

11

纲纪兄：

"屈"稿及前后信收到。杂务并来客（如发四期《美学》稿等），上海归来竟一事未作，想学点英语口语，也未能顺利进行。出去教书的准备（报告稿）尚未着手，颇使人心烦甚。京中局势并无大变，估计亦不会有甚么。当然一小伙人又想循惯例弄点甚么，不足为奇。城中高髻，四方一尺，各省市可能又有所波动。武汉情况如何？对我一些甚么议论？可告。我毫不在乎。当然，现在也尽量少出去讲课之类，以免"走火"。

估计《美学原理》提纲讨论会上又会有人向我开火的，文学所一些人常如此，我也习惯了。由他去吧。

奉上《论集》①，聊供一笑。你的《书法美学》被人借去不还，请再寄本。匆匆，

握手

泽厚

十一、六

12

泽厚兄：

兹托恒醇同志送上我所负责的全部条目，务请全权处理定稿为感！至希不再返回我的手中。敏泽所写者我未大动，我看就这么印出算了。

二十日去颐和园与木石居，可以体验一下道、禅两家的境界。适当的时候去看您，希多保重。

---

① 即李泽厚《美学论集》。

握手！

>纲纪
>
>十一月十九日

又，昨日齐一同志特来看蒋。如有什么事，需写信告我，请写颐和园内益寿堂。

13

纲纪兄：

条目略读。决定不再返回。唯明清部分似太少，请另加 2000 字左右即可。似可以李贽（如童心说）、汤显祖（似可大写。重情，第一次有近代人文气息）为中心，旁及三袁、徐渭等。王夫之似也还可谈谈，联系他的哲学。如何？望早日寄下，以便一并交抄。

新居如何？概论如何？念念，

握手

>泽厚
>
>十一、廿六

又，石涛似也应大讲一下？神韵说、性灵说在脱出文艺理论框子走向美学的意义上，大可一提，说两句。

14

泽厚兄：

信悉。当遵嘱于近日弄好寄呈或送呈。入颐和园后毫无禅宗情趣，弄得颇不快，近日稍妥协，答应至迟十五号前回汉。雪已来，正共同讨论修改方案，等等，尚无头绪也。

离京前当争取去看你，容面叙。

握手！

            纲纪

           十一月三十日

  又，我现已搬至北大勺园 4-401，曹亦在此。盖益寿堂之隐居生活难以为继也。

15

泽厚兄：

  兹寄上明清时期补写部分，尚乞大力补充、加工、修改，感甚感甚。

  心绪不宁，余容面叙。祝

健！

            纲纪

           十二月二日

16

纲纪兄：

  书稿收到不误。武汉会议情况也听朱、丛两位说了一些。

  《美学史》事见面详叙。我仍恐两汉难单独成篇，主要不一定是字数问题（也有这问题），而是美学内容的分量问题（上与先秦、下与魏晋比，相差似太远），是否仍合成一卷为好？请酌。总之，一切面议。

  "非自觉性"一直有人在挑刺，我不在乎，也仍坚持，毫不让步。

  匆匆，祝

好

            泽厚

           十二、十一

一九八二年　5通

1

纲纪兄：

近况何如？身体好否？念念。

两汉部分不知进展如何？今年年内定将此稿拿出。已嘱室内不久即将誊清稿全份邮寄，我分头修改，然后合拢。当然，请仍先将两汉弄完寄下以便誊抄。此颂

阖家安康

$\qquad\qquad\qquad\qquad\qquad\qquad$ 泽厚

$\qquad\qquad\qquad\qquad\qquad\qquad$ 二、十

2

纲纪兄：

明日赴美，《美学史》有托吾兄了。院、所曾催促（因系院的重点），今年一定得交出版社。主编近已与齐一等所长商定，为我与吾兄二人，其实我没干甚么，颇为惭愧。

刘再复书[1]，我并未看，序文为人情难却，勉强为之，不值一看。给刘长林的序文[2]（《读书》82.1）略好一点。

---

[1] 指刘再复《鲁迅美学思想论稿》，中国社会科学出版社，1981年6月初版。书前附李泽厚序一篇。

[2] 指李泽厚《刘长林〈《内经》的哲学〉序》，《读书杂志》1982年第1期。

余后续，匆匆，祝

好！

泽厚

二、廿三

3

纲纪兄：

来美忽忽三月，未及早音问，颇以为歉。在纽约数十天，参观了一些博物馆，感收藏丰富，保管良好，颇饱眼福。古埃及古墓也整个搬来，甚为壮观。近来伊斯兰古物，中世纪、文艺复兴以来名画，特别是印象派的一些原作以及现代派等等，算是见了庐山真面目。至于"美学"则此间甚不重视，更多注意艺术史、思想史，当然也还是实证的研究占优势。回顾我们，则印证过去估计并不错，在理论上，我们丝毫不弱，也不仅美学而已。

我拟于下周去威斯康辛大学一年。明年回去。《美学史》请吾兄完稿可耳。我看文字略事精炼，即可交出，以早日出版为佳。不知吾兄意下如何？甚以为念。我去秋在上海那个《关于中国美学》的讲演整理稿（油印）不知林同华兄寄吾兄否？（我曾嘱他寄。）当然极为粗陋，但如绪论能采纳部分，亦好。均请兄定夺，斟酌处理。

贵校中文系学生彭富春四月先来一信（地址不全，试投才转到），说要寄稿子给我，请他不要寄来，没时间看。请兄转告他一声，可否？我不给他写信了，请他谅解。匆匆，才入异域，却颇怀故土，不尽欲言。祝

好！

泽厚

五月□日

4

纲纪兄：

信收到。原想等黄德志同志回信后再写，却一直未收到她的信。因我已告诉她和聂振斌同志，请她从速发此稿，争取明年问世，先秦、两汉仍合为一卷。我对吾兄作品颇为放心称意的。

近来忙些甚么？日本之行已确定否？武汉出美学刊物理应支持，只不知十一月能否交卷，在此有点忙乱，很没把握能写甚么，如到时欠账，以后总答应还的。

中文系那位同学居然写了二十万字，颇为惊异和感动。如吾兄能助其出版（上海？湖南？……），当亦为奖掖后进之好事，但我似不便出面也。北京亦有几位青年在写，在出版、发表上亦曾遭遇困难，不知后来情况如何。

我在此甚好。此间图书馆使用极为方便，其藏中文书籍亦甚不少，回顾国内图书使用之种种不便，真感遗憾。只是书太多，颇有皓首难穷之叹。余不一一，匆匆，祝

研安

泽厚

八、十四

5[①]

纲纪兄：

来信收到。并承赠大作，铁画银钩，非常感谢。但文章看来是写不成了。来美后主要精力放在中西思想史方面，美学虽续有所考虑，也有某些尚可一谈的想法，但毕竟没有整理。美学在这里远不及思想史受重视，某些文科学生甚至不知美学 Aesthetics 为何物，只哲学系开美学课，听众不多，冷

---

① 此信主体部分后以《中国美学及其它——美国通信》为题收入刘纲纪、吴越编《美学述林》第一辑（武汉大学出版社，1983年6月）。

门，与我们解放前的情况大体相似，与当前国内的"美学热"根本不同。为甚么有这种不同，这也许本身就是一个值得研究的问题。

在哈佛大学和哥伦比亚大学作了几次讲演，其中也讲到中国古代美学思想。有的是去年在上海讲过的，例如"乐为中心""线的艺术""想象真实""天人合一"，等等。以儒家为主体的中国美学讲究塑造情感，所以注重形式。一方面要求自然的情感具有、充满、渗透、交溶着社会的内容，如用我常用的字就是"积淀"；另一方面，又要求这种社会性情感的节奏、韵律、形式与自然界的节奏、韵律、形式相符合、吻同或同一，这也就是天人合一。这两方面是同一件事情，其实这即是"自然的人化"在主体方面的含义。人在改造外在自然，使外在自然人化的同时，也改造着内在自然，即使人本身的情感、需要以至器官人化。这即是人性，即积淀了理性和历史成果的感性。中国古典美学注意了这个方面，讲"中和"，讲情理交溶，讲陶冶性情，不把艺术看作认识、模拟、再现，这倒与现代西方美学讲"情感的逻辑"（苏珊·朗格），讲"有意味的形式"（克乃夫·贝尔），有接近或相似处。当然，它们都没有历史唯物论的哲学基础，其根本解释是错误的。例如，贝尔的"有意味的形式"最终归结为某种宗教神秘的形上本质，就是如此。

上面这些想法在我以前的文章中曾不断提出过（例如《审美与形式感》一文[①]），这几次讲演和在夏威夷讨论朱熹哲学的国际学术会议的发言中，我另外加了一点东西，即把它与中国哲学的根本特征联系起来，提到中国民族的哲学精神的角度来谈。中国哲学所追求的人生最高境界，是审美的而非宗教的（审美有不同层次，最普遍的是悦耳悦目，其上是悦心悦意，最上是悦志悦神。悦耳悦目并不等于快感，悦志悦神也不同于宗教神秘经验）。西方常常是由道德而宗教，这是它的最高境界，你进入教堂中就会深深地感到这一点，确乎把人的精神、情感、境界提到一种相当深沉的满足程度，似乎灵魂受到震撼和洗涤。读陀思妥耶夫斯基的《卡拉玛佐夫兄弟》，也是这样。

---

① 李泽厚《审美与形式感》，《文艺报》1981年第6期。

其特征之一是对感性世界的鄙弃和否定。在哲学上，不进教堂，反对神学道德论的康德，也终于要建立道德的神学。宗教直到今天在这里也仍然很有势力和力量。我在大学广场上经常看到狂热的宗教宣讲者，不顾大学生们的嘲笑、诘难，不顾甚至没有任何人听，他仍然高声宣讲数小时不已。中国的传统与此不同，是由道德走向审美。孔子最高理想是"吾与点也"。所以说，"逝者如斯夫，不舍昼夜"，对时间、人生、生命、存在有很大的执着和肯定，不在来世或天堂去追求不朽，不朽（永恒）即在此变易不居的人世中。"慷慨成仁易，从容就义难"，如果说前者是怀有某种激情的宗教式的殉难，固然也极不易；那末后者那样审美式的视死如归，按中国标准，就是更高一层的境界了。"存吾顺事，殁吾宁也"，与追求灵魂不灭（精神永恒）不同，这种境界是审美的而非宗教的。中国哲学强调"天地之大德曰生"，"生生之谓易"，"参天地，赞化育"，不论生死都不舍弃感性，却又超乎感性。这也就是"天人合一"。达到"天人合一"，即符合、吻同自然规律而又超乎它，也就是自由。当然，所有这一切，必须建立在"自然的人化"这个马克思主义哲学基础之上。从这样一个基础和角度，考察审美作为主体性人性结构的最高层次，以此来阐释艺术的永恒性、哲学形上的某些基本问题，并注意审美对其他领域的巨大作用，例如科学认识中"以美引真"——审美有助科学的发现发明（其实这也是"天人合一"的某个侧面），等等，可能是一条前景广阔的创造性的研究道路。当然，不会没有歧途，不会没有错误，只有保持清醒的头脑，不应该因噎废食。在这里也读了一点马克思主义美学书，大都是欧洲人写的，令我颇为失望，因此更感到中国人应当有所作为，客观上也有此需要。人家想听听中国人自己的东西。我这种非常粗糙的想法和讲演（没有讲稿，仅凭简单提纲，临时发挥），居然也会受到注意和欢迎，这是出乎我的意料的。不过，美国的美学理论，如的开（George Dickie）的制度论是最近最时髦的了，也实在是不成样子。一位美国美学教授说它是"terrible"（太糟了）。所以，我们不应妄自菲薄，我们有马克思主义哲学，在虚心学习外国和批判继承自己遗产的基础上，是可以作出成绩的。愿与阁下和其他同志共勉。

就写到这里吧。那位同学的论文可能早日问世，我当然也高兴，只怕成见仍多，不大容易吧。

余不一，匆匆，祝

好！

泽厚
一九八二年十月九日

如你认为可以，或将此信代文稿。反正文章是不会写的了。

又，承告《美学论丛》事，此类批评文章凭过去经验，似不值一驳，我不准备作答。

一九八三年　13通

1

纲纪兄：

收到你的信，很高兴。我在此一切很好，越来越适应了。哲学百科美学事，我觉得条目太多，不像百科倒像辞典了，已去信提出意见，不过也没有用。

出来已十四月，了解了不少情况，更加觉得原来搞的方向可行。不记得以前写信说过没有。一次，我对一位华人学者说，我是闭户造车。他说，你是闭户造车，出而合辙。一笑。（这主要是指我的康德和孔子诸研究。）

总之，大有可为，我准备回来后少问世事，谢绝应酬，不做官（所谓室主任等等均辞去），不声不响，安安静静地读点书（我买了一大批书），做点研究。闲话议论本来就多，半生已在人们批评咒骂中度过，如今当更不管它。《中国美学史》第一卷望早日出版。你也可催黄。绪论部分仍请兄仔细推敲审阅一遍，可增加处再增添一点。我将写一后记，交代此书写作过程。如从国际影响看，一部中国美学史比一部美学理论书更重要。因现在国外很少讲古典理论，要克服此成见，非一时或一本书所可做到。但一部中国美学史则将引起很大注意，而我们可寓理论于史之中。所以，我很希望兄能继续不断地写下去。我确想退出主编，因纯挂名似不好，颇有掠美之嫌。当然，此事我们以后还可商量。至于别人说甚么，你大可不必管那些。

蔡等既发动"攻势"，吾兄首当其冲，《哲研》文章[①]故也，当然应予回

[①] 指刘纲纪《关于马克思论美——与蔡仪同志商榷》，《哲学研究》1980年第10期。

答，彼等至今犹否定《手稿》，太可笑了。不知朱狄作何打算？我与兄以及与梅宝树、李丕显等人从未搞甚么宗派，学术观点一致，自然彼此声援。我看有些人倒真是为学术外的利益在搞一些小动作。

祝《述林》创刊，兴旺发达。拙信校样能否寄来一阅（不拟改动）。匆匆，言不尽意。祝

康健，春节愉快

泽厚

一、七

2

纲纪兄：

很喜欢读你的信札，所以赶紧回信，好多地方我都没写信，有人在骂我呢。《孔》《孟》文①，当然会有人反对，文章毫无人反对，恐怕也没意思。黄德志来信，说她将争取早日发稿，我已回信，请她把绪论寄兄再改一次，就照来信所说那样增添修改吧。如提王，是否也应该提一下宗白华，但都不必过多。唯五六十年代部分，似还可多讲一下，略略详细一点，现在看来，那次争论的确重要，连朱也承认和强调这点。二分抑三分？请兄考虑决定。二分似与苏联雷同，且与当年争论情况略有出入，因当时与朱争是主要方面。此书是"史"，宜照顾历史事实。朱当时也尚未谈"实践"，实践是六十年代后他才谈的。三派说也是朱在61年文章中正式公开提出，如果合并为一派，恐引起许多异议。（但我同意不按主观客观、唯心唯物分。）如何？请斟。针对所谓"原意"问题，似也可用几句话简单讲一点方法，一部《论语》古今有多少解释？何谓"原意"云者？历史者，现代人对过去的了解也，当然要用现代人的观点、眼光去看，但并非将古人现代化。这二者根本不同。

---

① 指李泽厚《孔子的美学思想》《孟子的美学思想》二文，见《美学》第四期，上海文艺出版社，1982年10月。

你答应继续将《美学史》写下去，很高兴。我看就开始动手吧。魏晋以降，丰富而零散，如何集中提炼之，是一大关键。魏晋主情，哲学上却偏偏讲无情，讲老庄，如何连结起来是一很有意思的问题。

关于答蔡，兄似可作一长文在《美学》发表，痛快淋漓地驳他一通。

又，拙文题目是否可作《关于中国美学的通信》？由兄决定。

余不赘，祝

春节好

泽厚

二、七

3

纲纪同志：

前信想到。（估计你三月会去京开会，此信由黄德志同志转，可能快一些。）刚才想起一个问题，即《中国美学史》中多次讲到先秦优胜于希腊处（如"孔子前"章等）。现在看来，只讲"不逊色"即可，不必过多讲"优越""胜过"等等（可保留少数一二，如"孔子"章中的比较，即可不动）。因我们对希腊的了解仍不够充分，且易授外人以口实也（如大国主义之类）。此事似重要，请留意。

敬礼！

泽厚

二、廿五

4

纲纪兄：

前后信均收到。完全赞同你仔细修改《美学史》首卷意见，务使内容、材料、文字三者均大致无懈可击，特别是后二者，人们似乎爱钻空子抓把柄，当他们对内容无话可说之时。文字主要似是重复问题，其他甚好。不知吾兄计划何时可改完？似仍以至迟今秋交出为宜。如何？认真办点事，总招人忌刻，深感鲁迅当时之各种体会和议论。我半生遭人各种各式打击，如今年过半百，更不在乎。一不想当官，二不想讨好，只要能让我发表点文章，真正对青年一代有所助益，即如愿足矣，又何必多求多想哉。厦门会我早已去信朱立人，说明不拟参加。副会长以及美学室主任之类亦均可辞掉不干，闭门读书如七十年代，亦大乐事。来此一年，更感理论尚大可为，而国内学术风气及水平均不甚佳，诚如来信所云，肤浅平庸，又兼狭隘，再加上一些人争名夺利，眼光如豆，实在可笑亦可叹也。但我们也管不了这许多，埋头干点实事而已。如兄能在近二年内将全部《美学史》写出，实功德无量，也可震震一些人。拙著《历程》从内容、形式及写作时间也不是被视为离经叛道，不可思议或不置一顾么？但我不管这些，人们也没办法。六月初即回京，把握畅叙之期当不远也。匆匆，祝好！

泽厚

四、廿

5

泽厚兄：

得四月廿日信，甚喜！

我自京回汉后，听到一种传闻，说你患了脑溢血、瘫痪了云云，颇感出奇。还有人来向我打听，我当即断然否认，然天有不测风云，所以心中亦甚惴惴，现得来书，放心了。此类传闻，或系误传，或为谣诼，如谓鲁迅生脑膜炎之类，"诅咒而今翻异样，无如臣脑故如冰"是也。

《美学史》正进行中，当遵嘱努力弄好。其实就这么拿出去，也比时下的一些同类的书高明。但既有可能弄得更好，我想还是再作一些努力。绪论改得较大，把你的一些观点融入其中。其他各章除稍嫌薄弱者拟作局部增改之外，余则主要为文字加工和材料核对问题。我之文字，失之于"板"，较你的《历程》所差远矣！目下亦无可如何，也许从二卷起，好好改一下文风。

行前深望从容妥善处理诸事，多加珍重，平安返国，载誉而归是盼！近得齐一同志信，说待你归后，进行《大百科》的第一次审稿，届时当得重聚也。余不尽言，唯祷
平安

纲纪
五月八日

6

纲纪兄：

盼望中获来书，很高兴。看来你身体也相当弱，尚望善自珍摄。美学条目我一直嫌零碎，去掉数条甚好。上次会议我也去掉了一些。来信所举各条均可删也。上海讲课大成功，颇可贺。对朱文亦有同感，我特别对他过分迷信崇从洋人，颇不以为然。但也无可如何，他不易听进意见。说了几次，无效乃罢。

二卷如能尽早动手，最好。一、重点突出，不必面面俱到。二、以前讲过的论点论断，后人亦有，只提示，不再评述。三、注意概括今人成果（如《文心雕龙》研究等），提到哲学高度。四、字数六十万左右即可矣。如此，则更能提早了。

一卷早已全部交黄，并催其早日付排。渠云明年夏可见书。校稿尚可作小改，如有大论可在二卷首再写一绪论性文。如与二卷时间矛盾，拙意似能以照顾二卷进度为主。禅宗文已成否？能在《美学》六期（十一月发稿）刊出否？匆匆，祝
全家福

泽厚
九、二

7

泽厚兄：

前函想已达览。厦门会未能前往，乞恕罪为幸。我在此处，常感工作得不到"上面"（领导乎？太上皇乎？）的重视支持，或许对我别有看法，很不放心也说不定。有时颇思易地，然年岁已大，何处可往？且他处亦未必佳。或将老死武汉，葬于长江，然工作是决不懈怠的。有一分热，发一分光，鞠躬尽瘁，死而后已。近已着手研究魏晋思想，二卷之大略设想已有，容后呈报。昨读报载之大作①，甚喜！深有同感，且叹吾兄文笔之佳，实亦为情造文之所致耳！我作文常率意而书，疏于修辞，且不欲修辞，致使文章枯索无味，行之不远，此实大弊，后当力戒。《美学概论》又需修订，朝闻同志嘱参与，以多年之交情，不好推脱，或当在十一月中赴京也。

匆匆草此，遥祝

安健

纲纪
十月五日

又，遥想厦门会，蔡派人物或以为将雄踞美坛乎？然吾辈虽未往，而引为同调，或颇有好感者甚众。唯久欲与我等一晤之诸友好或将感怅然。

再，近收中大马采先生信，云他收到加拿大发来国际美学会请柬，他不想去，要我去。但去当然非易事，且顶名而去，在我心理上亦觉不适。不知你收到请柬否？

8

泽厚兄：

手示悉。你的建议很对，对高应批评。过去我对他写的东西从不注意，

---

① 指李泽厚《〈美学初鸣集〉序》，《人民日报》1983年10月4日。

听说他出了一本书,我至今也未看到。想让这里一位我留下的年青同志(即写论你的书的那一位)看后写一评论。基本的意思我已告他。他写后我再改一改。你觉在什么地方发表适宜,请推荐。

工作的调动是很困难的,我有时也是发发牢骚。能调固佳,不能则只好在这里干下去。不论如何,总要干出些名堂来才好。多年在汉,在视野、资料的掌握等方面有很大限制,加之我过去受教条主义影响颇深,常有党八股气味,所以实在是一无所成。这些年方有些觉悟,但已晚矣!不过,大致上还可做点事。有仁兄的鼓励,对我是很大的动力。

厦门会情况你定已得悉,我也已略知一二,这里去的人还未回。这学会今后如何搞是一问题。我等未去,颇使一些同志失望。有同志写信给我说"心里不是滋味"。这使我感动,抱歉!下次你一定要出马,我也追随其后。

去加拿大事,只是说说,其实是去不了,也不想去的。从收到的通知上看,讨论的是"艺术作品与哲学的转变",似乎对哲学颇有点兴趣。

近日武汉颇有寒意,京中当更甚,乞珍重,并请嫂夫人安!

纲纪

十月十七日,夜

9

泽厚兄:

前几天刚给你一信,今天那位青年同志把他写的评高的文章送来,高的书也一起送来。我看了一下这文章太浅,且有明显的不准确的东西。(我常常想扶持一些青年人,但近来常感费力得很,他们常有浮光掠影、贪速求成的毛病。我对当代青年还是充满希望的,不过患幼稚病和追求狭隘的个人功利者颇多,扎实者罕见。)我把高的书略翻了一下,看来他是在剽窃(这两个字也许重了一点)你(自然也包含我)的一些说法而又企图自成一"家",把好像很容易下口的美文学式的甜汁往青年口里送,但不是果汁和牛奶，而是莫名其妙的杂碎汤，实有误人子弟之嫌。他实际是反映了当前文艺界和若干青年中所存在的个人主义和主观唯心主义的倾向。这种东西在黑格尔和马克思的时候都曾出现过，但高的货色又差得多。我看有认真对待之必要。当然还是以商榷讨论的形式讲话。我现在手中有别的事，又还想着魏晋风度之类，待稍过些时或写一篇较长的商榷文章，逐一澄清问题，并借此讲讲一些看法。重点自然是在列出主观唯心论的实质，揭去一些他用以迷惑的东西。

就写至此，祝健！

纲纪
十月廿一日

10

泽厚兄：

前函及概观已收。

我编的那个《美学述林》，出版社要求出第二辑，十二月发稿，明年四月出书，不知有否可能惠赐大作一篇？这也是我们的一个小小的阵地，能出则出之，出一辑是一辑，不知你以为如何？

我现除每周讲课外，在读一个德国人写的《当代哲学主流》，这书似乎尚可。匆此，祝
安健

弟 纲纪
十一月十六日

湖北省美学学会
中华全国美学学会湖北省分会
All—China Aesthetics Association
Hubei Branch

泽厚兄：

前函及概况想已收。

我编的那个"美学述林"云出版社要求云第二辑，十二月发稿，您今年四月云云，不知有否可能赐大作一篇？这也是我们的一个小之期望也，如不克则云之云二辑也。另云何云，云二辑一辑，不知你以为如何？

我欢迎每周讲课外，去进一个法国人写的"当代哲学之流"，这书似乎不同。匆此，祝

安健

弟纲纪 十一月十六日

一九八三年十一月十六日刘纲纪致李泽厚

11

纲纪兄：

概观已交黄，至今全部文稿在出版社了，争取尽量早日面世。章目已嘱黄抄寄一份给兄。

《述林》能办则办之。可惜我已无存稿，不能效力了。

《当代哲学主流》一书不错，望吾兄告以读后感（对各派西方哲学）。

科研处要我填表，我要他们寄兄处，想收到。匆匆，祝

全家好

泽厚
十一、廿

12

纲纪兄：

信收到。《美学答问》请尽速寄下，就等尊文发稿。承赠《美学对话》①，觉得写得甚好，文字亦好，特别是讽刺"爱情美学"之类，再版时似还可向这方面增加一些材料，一定广受欢迎。

一卷已力催黄德志发稿，否则我真将抽回，交其他出版社。看来黄已努力，将于年底前发出。

我这人很不善交际，经常无意中得罪人。但由来既久，而本性难移。做人如此之难，只好干脆不管。许多方面尚望吾兄便中代为解说疏通为感。

匆匆，

撰安

泽厚
十二、廿

---

① 刘纲纪《美学对话》，湖北人民出版社，1983 年 8 月初版。

13

纲纪兄：

廿三日信收到。《美学史》第一卷已发稿，争取明秋问世。为应付室内所内，写了一交代过程之后记。甚盼二卷早日动手。《美学答问》暂不写也可，尽可能集中力量为好。（《美学》二期明日发出。）北京纪念齐白石，寄来请柬，但未去参加。我与画界素无联系。这次估计要挨拥徐的人的骂，徐的势力甚大，我且不管。我一直不喜欢徐的洋味，五十年代即然，也多次向人说过。又联系去广州开百科会，时间可能在春节后。

年安！

泽厚

十二、廿六

一九八四年 15通

1

纲纪兄：

念八信收到。美学论争应该开展，望兄于二卷完后即着手，估计该时讨论之自由度可能更佳，因必然涉及《手稿》也。近日，乔木同志征求对其将发文章之意见（很快发表）。我已表明，《手稿》虽非成熟的马克思主义，但已在基本性质上不合于费尔巴哈，而是迈向历史唯物主义途中非常重要的一步，决不能否定或抹杀。此文对《手稿》也并未采取此种态度。总之，我之观点无任何改变。

罗素书徒负虚名，可能以其英文漂亮故。第一卷较好，谈了一些社会背景，为他书少见，余则与兄所见略同。

二卷何日开笔，念之。祝

节日康乐

泽厚

元、十四

2

泽厚兄：

前几天刚给你写了一信，想已达览。近日这里有一位青年一心想要报考你的博士研究生，找我推荐（据说要有人推荐才能报名）。我考虑到他报考的热忱和他在这里的美学青年中要算较好的，所以给写了推荐信。但对他的情况我也不是十分了解，只是认为他可以报考。取与不取，全凭仁兄定夺。

匆此即颂

暑安

纲纪

七月四日

3

泽厚兄：

奉命写了"宗白华"条，已寄恒醇同志。临时急就，盼多加改削。宗胜于朱之处，我以为很大程度上得力于德国古典美学。朱则一开始就奉克罗齐为宗师，而克氏实在是一个不够格的思想家，肤浅而又武断。因写此条，忽对宗、朱等老人颇有依依之感，故又思及《美学史》第五卷或可提前写出，使他们万一离归故土之前能得一睹，但又觉得这不过是我的自作多情，恐怕他们也不见得会看。湖南会不知您去否。我已谢绝，不去了。这里的会在积极筹备中，进展顺利，只是我觉"钱"还不够多，正在设法。届时深盼光临。一卷原说八月出，至今未见，不会有什么特别的变故罢。余再谈，祝健！

纲纪

九月七日

又，宋光兄想已上任，我书陶诗一纸以贺。所谓"精卫衔微木"云云，恐亦陶之大言耳，但其意可嘉。

4

纲纪兄：

前后两函均收到。美学刊名似尚可斟酌，如今"研究"太多而名实相符者极少，盖不易也。手头毫无存稿，承德讲演记录为河大整理后，当可奉献，但一时恐难能。

《中国美学史》无变故，出版推迟乃技术故，黄说十月可出。渠并催问二卷，我答以稍安勿躁，最早明年冬季交稿，毕竟质量第一云云。如何？

湖南会去否未定。湖北、江苏二会均请免，吾兄谅宥是祷。匆匆，握手

泽厚
九、十

5

泽厚兄：

来示悉。

你不能来参加这里的会，我总感到遗憾和使会议失色，而且去湖南而不来湖北，也对我们太见外了，还是来罢。经费诸问题已解决，可以为大家创造较好的生活条件。我答应开这会，原先也是由于这里一些同志的建议，原来并不想干。实在也是找了一个大包袱背上了。现在既干开了，只有努力开好它。我还想辞去这里的会长的职务，但各方面的人认为不可行。种种事情，把我的精力和时间割碎了，耗损了，奈何！另外，已听说你支持这里办的"青年论坛"，同青年们见见面，也是好的。

关于我们之间的闲言碎语，我也风闻一些，不去管它。如有人说我是你的吹捧者，也有人说我无力自成一家而只好攀附你，还有人以为我应同你区分而独树一帜之类……总之，议论总是有的，随它去。基于我们的共同的事业，这些算得了什么。像来祥兄那样竭力自成一家，我觉得并不可取。我只想尽我的努力，不断地研究，至于究竟如何，一任世人的评断好了。

近来身体可好？国庆将到，即祝
全家愉快！向嫂夫人问安。

纲纪
九月廿五日

又，宋光兄已慨然应允前来。会中已决定由省文联招待你们几位单独去江陵一游，那里是值得一看的。

6

纲纪兄：

　　信收到。湖南会去否仍未定，因我必须二十日赶回北京，已经约好会见一美国客人。所以不来武汉，非不为也，是不能也，万乞谅解。百科编委会我也不拟参加，仍请你参加，全权处置。想他们已专函邀请，十一月初在烟台开。无锡青年美学会，本由我发起，原决定参加，现在也不去了。其他好些会，如河南、广东，等等均谢绝。

　　闲言碎语，永远存在，只好不管。《读书》四期曾发文[①]，骂了一通。你我之间也有人故意挑拨，如说我专捧你和赵宋光。甚至荒唐到说你是我捧出来的，连教授衔也是因为我捧的结果……如是云云，只好不理。闲话甚多，余容面叙。但我以为并不能吹动我们的一根汗毛。

　　外附件处，均去年作而才打印好，错字颇多，也不再改，请兄哂正。

　　身体亦不甚佳，外强中干，垂垂老矣，可奈何哉。《批判》[②]一书样本刚到，容后寄。

　　握手！

泽厚
九、廿八

　　[①] 指李泽厚《批判哲学的批判（康德述评）修订再版后记》，《读书杂志》1984 年第 4 期。

　　[②] 指李泽厚《批判哲学的批判——康德述评（修订本）》，人民出版社，1984 年 6 月再版。

7

泽厚兄：

德志同志嘱改《美学史》书评，已改好寄她。你再看看，修改审定。自己评自己写的东西，如人饮水冷暖自知。评法是实事求是的，并且自己先打了折扣。此书虽不尽如人意，但也成之不易，相信有识者会看出它的某些价值，若干年的生命会有的。

会，还是来罢。我不能勉强你非来不可，但又很希望能来在武汉一聚。地点是晴川饭店，算是这里最现代化的。生活一切由我亲自安排。

上次答应给我的文章，不论早迟，务乞兑现。

纲纪顿首遥拜
十月四日

8

泽厚兄：

来示及大作收到。两文均佳，特别是"主体性"一文，既加深了原来的论述，又可封住那些胡说你的观点是什么"西方马克思主义"之类的人的口。

你既不能来，只好请你以后有机会再光临了，但出讨论集（由湖北人民出版社出，已谈妥）时，不知你是否可写一文收入？另外，那刊物已最后完全商定由湖北人民出版社出，我主编，不设什么编委，只由我提名组成一编辑小组（出版社付编辑费），协助工作。看来可望编好。社方还提出先出不定期的，以后转为定期（季刊）。这样，我也动心想认真干。但须得到你的大力支持才成。一期定十二月发稿，能否给我一篇呢？汝信同志那里，我也转请黄德志去约了稿，不知能兑现否？总之，望在百忙中关心一下这件事，办好了会有影响的，对青年们也有益。同你主持的《美学》相辅相成，不要让蔡编的东西满天飞（其实销路极差）。

余再谈。祝

健！

纲纪

十月十四日

又，斯特洛维奇的那本书已看到，我看没有什么了不得的地方。今日又收郭因编《技术美学》，中有钱学森文[①]，他对思辨性的美学哲学探讨贬得很低，不妥。恐还是自然科学家的老习惯。其实，有许多理论是先由哲学家提出，然后由自然科学给以经验的实证的。哲学是美学之魂，不论人们如何轻视它，事情不会有所改变。

再，我本想遵命去烟台参加那会，无奈这里湖北人民出版社参加明年香港书展的一本书（我大言不惭地答应了写一本《艺术哲学》，约40万字）须在11月20日交出，不能拖，所以只好违命。乞鉴谅是幸！

9

泽厚兄：

那会议终算顺利结束了。看来与会者还较满意。涂武生在大会发言中代表文学研究所和蔡仪表示热烈祝贺，颇出我之意外。但也说明某些问题。

烟台会不能去，实出于不得已，乞鉴察为幸！

另有两事，望得到您的支持：

（1）我编的那个刊物，十二月发稿。这是第一期，非常希望能有你的文章。

（2）将编辑出版《中西美学艺术比较》讨论集，你虽未到会，望能赐下一文编入。如万一有困难，可否将你在美时写给我的那封信（已发在原《述林》上者）再加修改或原样收入（原信我可寄回一览）。如此方案不行，《关于主体性》一文可否收入？总之，希望讨论集中能有你的一篇文章。

---

① 指钱学森《对技术美学和美学的一点认识》，见郭因主编《技术美学》，安徽科学技术出版社，1955年版。

从此次会议看来，我想我们的《美学史》或许是中国目前可能有的一部较好的书。

你近日身体如何？不胜想念。会刚完，累极，容后谈。

向嫂夫人问安，祝全家好！

纲纪上
十月廿八日

又，会中有人给我拍了一张照，尚可，兹寄上，乞哂存。会议论文材料将寄交张瑶均同志转呈。

再，照片过大，邮寄不便，容后面呈。另函寄上这里的报纸关于会议的报导。

10

泽厚兄：

赵兄稿（关于"美"的）已阅，我看很难改，建议是否由你提出意见（大纲），请他再写，或直接由你亲自出马写（如你的时间精力许可的话）。原稿实在不好改，否则我自当从命也。

承德会讲话整理深望拨冗搞一下，十二月初能寄我否？这里的出版社要出《中西美学艺术比较》讨论集，亦深望能有你的一篇文章收入。会后简直是累倒了，容再谈。祝

安健！

纲纪
十一月一日

11

泽厚兄：

在汉的会见虽然短暂，但令人愉快、难忘。你走后几天接待了一位来

访的英国人昆克·贝尔，是克乃夫·贝尔的儿子，所谓"超高级知识分子"集团的分子之一，贵族绅士气颇浓，我亦以傲然的态度对待之。举行了一次座谈，与会青年连珠炮似地提了一大堆问题，许多问题都答曰"l don't know"。这人走了，方动手弄条目，今天完，另用挂号寄呈。在概述"美的讨论"时一直讲到现在，把我自己也拉扯进去了。因为近年讨论，实由我在《哲学研究》上对蔡文的批评而引起。事实如此，不得不然。妥否，由你裁定。稿子不及重抄，你审改后再觅人一抄。周稿改了一下，或大致可以对付了罢。

今年只剩下一个多月了。自开美学会至现在，那个我所臆想的《艺术哲学》一字未写，只好拖到年底前了结。明年一定集中力量写第二卷，决不失言。万勿以为是又一次同样诚恳而不兑现的保证也。

大作《中国的智慧》能收入《中西美学艺术比较》讨论集①，实荣幸之至，使该书增色。切望赐下。

余容再谈，问嫂夫人安。祝健！

纲纪
十一月十五日

又，"《文心》"条无法大改，大改等于把我的思想加之于周，将来写第二卷时，人们会以为是我抄了周。现在这样也就可以了。

12

纲纪兄：

多承嫂夫人及令媛盛情招待，敬致谢意。即奉上拙作《智慧》文，不敢食言。但请多提意见，包括初步印象。

---

① 李泽厚此文后以《试谈中国的智慧》为题，收入《中西美学艺术比较》，湖北人民出版社，1986年8月初版。

上海似已默认《美学》七期转移（我已去信申明此点，并请其谅解）[1]，不知湖北出版社方面意见如何？上次所谈可否实现？望告。七期早已集稿（四十余万字，拟为"西方现代美学述评专辑"，比朱狄讲的要新得多）。

月底将外出，下月中可回。匆此，祝
阖宅清吉

泽厚
十一、廿三

13

泽厚兄：

不知已回来否？最近得知你是去达·芬奇的家乡，行前向我保密，不该！

刊物事日前已同出版社谈妥，即由他们出版，我们两人列名主编。但他们说期数怎么算？是否转给这里后重新算是第一期？好像要有个交代才好。

这里为社联评奖事，我未推举蔡派观点文章，一些人（几个）颇不快。实在是文章不佳，非观点使然。

意大利之行定大有收获，我唯有欣羡而已矣。匆此预祝
新春大吉！

纲纪上
十二月廿二日

---

[1] 《美学》由中国社会科学院哲学研究所美学研究室、上海文艺出版社文艺理论编辑室于1979年11月创刊，至1984年7月，已出版至第五期。

湖北省美学学会
中华全国美学学会湖北省分会
All—China Aesthetics Association
Hubei　　　　　Branch

泽厚兄：

不知已回来否？最近汉斯华来讯，告在北京号回家乡，行前曾问我何窦，不详!

刊物事与家已同云版社谈妥，已由他们去做。我们两人到名主编，他她似说后期数怎么算？总希给这全集新算起算第一期？

好象这全集仍是大事，我未推举。他这全徒签证将大事，作个交代才好。

我瓜挂牵念但文章，一些人一九个意见，些非要再焦斯不悉。

你又意主行会大有好处，我怪有此问题，说不上什么！

欣笑，而已笑。新春大吉！

纲纪上　十二廿二日

一九八四年十二月廿二日刘纲纪致李泽厚

14

纲纪兄：

　　示悉。此次去意，非敢相瞒，为不欲张扬也。多年得一教训，文未成事未竟者暂先不言，否则无事生非者极多，渐尔养成习惯。今年本将出去两三次，临时我均作罢（不想去了）；如先传扬出去，则无此自由矣。

　　此次凡二十余日，游罗马、佛洛伦萨、威尼斯、比萨、那不勒斯诸城，诸多盛迹废墟，如梵蒂冈、西斯庭斗兽场、庞贝古城，等等，均匆匆一过，而米开朗基罗、拉斐尔诸大家名家之巨制名作，均得观赏，此次固胜在美二年多矣。欧洲毕竟文明传统，不似美国暴发户也。特别是诸教堂给人以最深沉之印象，五岳归来不看山，得观意大利文艺复兴以来之诸教堂，同行者云则巴黎等地亦不足观矣。购有画册数种，吾兄来京时当可共赏。暂寄二画片，聊表心意。

　　刊物事因几家出版社均想要，乃订下列原则：一、组稿定稿权在主编，出版社不得私自加入稿件。二、出版期不得超过一年（自交稿到见书），可订合同办事。三、名称不变，期数一定自第七期算起，在编后记中说明。四、一律不收译文。兄可以此四条与出版社交涉，如不行，即拉倒。但请速告。

　　黄德志云《美学史》已见书，终于问世，为吾兄贺。西德、新加坡均约我去一年半载，我尚未答应，总之将来将携此书出去，打向世界，并向外界绍介吾兄也。

　　前寄《智慧》文，请提印象并意见。又，《批判》修订本不知在武汉反响如何？（在北京青年中反应不错。）不知吾兄尚需要否？当奉寄。《青年论坛》[①]已收到，也不知该刊反响如何？我匆忙写的几句话，不知会惹人嫌否？也不拟管它了。我行前曾给《文史知识》写一文[②]，可能又要惹一些人不

[①]　《青年论坛》于1984年11月创刊，是由青年理论工作者发起，湖北省社会科学院主办的社科综合性理论刊物。创刊号开篇载李泽厚寄语。

[②]　《新春话知识——致青年朋友们》，《文史知识》1985年第1期。

高兴。

　　今冬北京奇寒，唯形势甚好。乔公多次讲话要求突破，号召新方法等等。社科院人事明年也将变动，大批所内年轻干部将上提。当然，我是决不当官的。现在也有好些人羡慕我的自由了。匆匆，祝

新年阖宅安乐

泽厚
十二、廿六

15

泽厚兄：

　　闻已安返，甚喜！在电视上看到意大利列车爆炸事，忽一惊。盖因知你已在那儿。怕天有不测风云也。

　　刊物事当按所说条件与出版社联系后于近期再告。

　　《智慧》文，先得我心，甚好！唯觉当今青年对于传统多有不知，盲目否定者时有所见，故对我传统之优越处，能更稍强调为佳。《论坛》他们已寄我，你那短文写得恰如其分，我未听见有何反映。《批判》颇畅销，购者踊跃。我等着你寄我，并想抽时间细读一次。这书很专门，但却在青年中大有影响，可喜可贺！这里已组成青年美学研讨会，定期活动。第一次会上我讲了一下，总觉马克思之精深博大至今未为世人所知，憾甚！故又唠叨一通，青年们或视我为保守僵化也说不定。但看来他们还视我为可与一谈的"师长"，即此足矣！在会上我充分肯定了《论坛》，明确办得不错。该编辑部亦有人与会。这里又要创办一刊物《摩登时代》，由几位廿几岁的青年主持，内容为讲现代生活方式、美等，要我著文，写了一篇。我是向你学，凡属青年的事，无不尽力支持。中国正处于剧烈变化中，自鸦片战争以来，无此深刻。这是真正意义上的社会革命，非只在政治的范围内打转了。向封建、半封建、小生产的东西告别，此其时矣！吾辈能得睹此，亦差足欣慰。而完成此种变革，自只有青年们足以当之。我辈能为之鸣锣开道，亦一快

事！惜我力量不足，间有迟暮之感。《美学史》终于出世，许多人翘首以待，肖兵来信说香港亦在等着。自"五四"以来无此书，想不到出自我们之手，虽偶然，亦必然也。已保证明年写出第二卷，非空言，乞放心。

你多次出国门，此次又大开眼界，今后还应争取应去的地方都去游历一通，比当年的康、梁见识多矣！由此想建议你在适当时写点游记之类的东西，夹叙夹议，信手拈来，令人爱读，又于青年有益，何乐而不为乎？

当前形势甚好，明年意识形态方面定会有繁荣气象。经济基础的变革不可能没有与之相应的意识形态的变革，这是历史之必然，任何人也阻挡不了的。某种意义上的文艺复兴正在到来。很好！你还是不当官好，无官一身轻，且可作出"官"所不能作出的贡献。

再谈，恭祝

新春大吉

弟 纲纪上
十二、廿九

又，《美学史》出后，你是否找一适当机会，送一本给周扬同志，签上我们两人的名。我对他始终有一种对于前辈的忆念之情。我以为他实即是中国条件下的卢那察尔斯基。又及。

一九八五年 26通

1

泽厚兄：

　　刊物事已交涉，出版社方面别无其他意见，只是希望上海方面能写一信给你，表示同意另找出版社。因为他们有些顾虑（其实是不必的），怕版权转移引起麻烦。这在他们来说，自然是一种出于小心谨慎的想法。至于转至此处，他们是很欢迎的。你看如何办，请酌定。上海方面会写信吗？

　　在报上看到你被选为作协理事，很好！是要多与文艺界联系才好。中国当代文学有一种新潮流，很有希望。

　　《美学史》尚未收到，不知何故。大约是封面未弄好？

　　容再谈，祝

全家安好

纲纪
元月廿五日

　　又，信写后未发，今天翻阅了大作附论《主体性论纲》[1]，印象中比原先发的改得更好了。这可以看作是仁兄的哲学大纲，颇精粹。其中把马克思主义的看法和其他种种看法（自然也包括国内的）实质性的差别，连其貌似而实大异之处都讲了。很好！我想，当代马克思主义哲学发展的总的趋势，将是如仁兄所言（至少在人文哲学范围内）。只是对黑格尔的评价问题，我总

---

[1] 指李泽厚《批判哲学的批判——康德述评（修订本）》附论《康德哲学与建立主体性论纲》。

觉得低了一点。也许是我过于偏爱黑格尔之故。总之，这书的意义、影响恐将比你的美学和中国思想史的影响大。虽曰"客串"，实为皓首穷"康经"者所不能比也。"串"至此可矣，宜更发挥之，写出可与康德比并的自己的著作来。这在仁兄是完全可能做到的。深望多多致力于此，其他乃小事耳！

廿八日，夜

再，便中烦请室里寄些稿纸给我，准备开手写第二卷了。

2

纲纪兄：

信到。今将上海信及七期目录附上（请复制一份，原件退我），稿件已齐，等来信后即可立即付邮。上次信中所说条件，其中要点忘记是否提了（这两点也是必要条件），即第一，维持原十六开（即大本）本面貌；第二，我要求有最后裁决权（即肯定和否定稿件）。第二点涉及吾兄，不知能允许否？这刊物数年来反响不坏，其中原因之一是我坚持只求质量，宁缺毋滥，任何名人或大人物均不买账。由之我曾退过一些稿件，即使得罪人，也在所不惜。这原则仍想继续坚持下去，想吾兄能同意，如有为难处，吾兄尽可能推在我身上。我甚望此刊能愈办愈好。此外，在本期前当写一说明，今也附上，有何意见，请告。

《美学史》想已收到，大批出书还需候一些时日。稿费问题，我早已声明，不收分文。室内一些同志则略予报酬，开大体相当税款（因如多人分享，则可不收税款也），使吾兄不受任何实际损失。此事我早已想好。

作协会我只参加了两天，选举结果也是从报上看到，所以也未去开理事会。我和作家们极不熟，但他们对我似还热情。但无奈我生性孤僻耳。何日聚首，可再畅叙。祝

全家春节快乐

泽厚

二、三

并请吾兄将为第八期准备之稿件目录寄来。并告知字数。这里已有几篇。

又，请与出版社谈好，务请按条件办事，否则我随时将撤回此刊。

3

泽厚兄：

一卷已收到样书一本，甚喜！

目前已着手弄二卷，现将二卷分章计划寄呈，务乞一览，提出意见。以后诸卷不论你写与否，还得由你把关、定夺。我始终把这本书看作是我们两人的共同著作，关键不在你是否亲自写。你按你的计划，把时间精力用在你觉得更重要的工作上，这是我所期待的。

我对一卷有不满处，二卷将力求以新面貌出现。包括文字，我对自己颇不满。中国哲学界本就缺乏文章家，我辈应使此种情况有所改善。

余容再谈，祝健！

纲纪

二月三日

4

纲纪兄：

刚发挂号（请注意查收，内《美学》七期目录等），即获三日信，很高兴。

提纲没甚么意见，曹丕论气（不同于孟子）、陆机论文，均有开创性，似可更突出一点。魏晋似乃以儒说道（包括《文心雕龙》亦然），以形成儒、道融合。同时思辨水平大大提高，言意象、形神等范畴是否应有专章或专节，请考虑定夺。

我仍觉得文采比较起来是次要的，更重要的是理论的深度和论证的清晰性。魏晋玄学甚有新意［比文学应更凸出一些，注意勿写成文艺思潮史。向（秀）郭（象）是否应讲？］，包括《世说新语》中某些谈论，核心似在理想人格的树立，如从美学角度阐发，大可补今日哲学史之不足。

春节即至，祝
阖家安康快乐

泽厚
二、七

5

纲纪兄：

刚发信，觉意远未尽，再撰数行：

二卷似宜在"细"字上作功夫，一则魏晋思辨本较细微，二则魏晋六朝文辞简洁，不详加介叙不易读懂。如王微、宗炳等文，均宜全文录入，分段讲解。所以一章似大不够。宗炳文似需结合《宏明集》中他的论文一并讨论。如二卷仍如一卷之评价和结构，则嫌过粗，而将贻笑于洋人。因他们对此有较细之研究，如宗炳一文，即有数种译本。《文心》《诗品》《文赋》等等，亦宜作些细腻之分析。

刚想起这点，觉得比较重要，特中夜起坐作此书。

闻将来京，确否？祝
全家安

泽厚
二、七，夜二时半

又，稿费大体算出，即可寄出，吾兄净得六千余元，胜过拙数年总和，亦不无小补矣。

6

泽厚兄：

挂号及另一信均收。

刊物出十六开无问题，因为原先也是打算出十六开。关于最后裁决权问题，如明确作为一个条件去郑重其事地谈，我估计出版社方面或许会有抵触也说不定。因为他们有出书须经总编室最后审定这样一种制度。你看如何办？实际上恐以达成一种默契为好。

关于二卷，所言诸点拟在各章的节之中去体现。这卷一定要争取比一卷写得好。这卷也是较带关键性的一卷。魏晋南北朝讲好了，以后各卷也好讲些。

稿费问题的处理，总以各方无多少闲言为是。你所说的办法好，但你不要，我总觉于心不安。我建议至少是按出版社规定的审稿费的最高标准致酬，但仍由稿费中支付。

近来身体如何？我前些时差点躺下了，近日方渐好。遥祝全家春节愉快！

纲纪

二月九日

又，刊物以质量为第一，我是完全赞同的。"五四"以来有不少刊物在历史上发生了影响，至今仍有文献价值。刊物要办出此种水平才好。

7

泽厚兄：

夜书示已阅。我们的想法常是不谋而合的，我亦作如是观：自二卷起宜往细的方向发展。一卷除禅宗外，总的哲学的基础已奠定，自魏晋起须作进一层次的细致分析，当然不能再停留在一卷的水平上。我亦有同"学者"们来较量一下分析的周密的意思。包括考证性的东西，也要搞一点（如"六法"标点问题）。上次所寄分章只是一大的设想，写的过程中会有变动和具体化。近日考虑，有的章要划小，原包含在绘画、书法两章中的东西拟按时代先后分列，不合在一起论述。宗炳文我在"文革"中曾作过一些研究（当时想写魏晋六朝绘画史），此文至今罕有能得其解者。王微文则较好懂。港台以及国外（西方、日等）细致研究的做法，吾人自当吸取，但我辈又有哲学头脑，有马克思主义，自可胜过彼辈无疑。一卷写法，演绎法过多一些，但亦有多处实际分析。如论定《乐记》之思想为荀子的，《毛诗序》原文的考订，"六义"的分析（惜未展开）之类。"荀""韩"两章亦颇实际。《周易》《淮南》多有分析，等等。不过，一卷有不如人意处，写时过于匆促，是一大原因。吾兄其时又事多，未能多加修改。及至看清样，德志又限定三天之内看完。现在不管如何，终算出来了，也还可以说胜过已有的种种著作。将来如能重版，我想再加修订，包括文字的加工。今年决计不写其他东西（某些短文除外），专一对付二卷。假定一月完成两章，亦较一卷时间充裕多矣，我算了一下，实际写作时间不过半年，记得两汉部分不到二十天即脱稿。此种速度，我现亦颇觉惊讶。今后拟一年完成一卷，则尚需四年。希望写到现代时，周、朱、宗、王等尚健在。了此一件功德，我等亦垂老矣。仁兄会有大作问世，我则穷矣乎？

因王朝闻博士研究生论文答辩及全国美术家代表大会，可能要去京，但时间未定。总在春节之后了。

多保重。德志同志处亦代问好。祝健！

纲纪

二月十二日

又，徐复观著[①]不见得比我们的高明。

再，王元化编的日本研究《文心》论文集[②]早已见到，有可参考处，然我们的分析无疑将超过它，请放心。品藻与玄学是了解魏晋美学之大关键，得此则一切分析均有深度矣。

刊物事一待定下来即告。

---

① 主要指徐复观所著《中国艺术精神》一书中的相关论述。
② 指王元化编《日本研究〈文心雕龙〉论文集》，齐鲁书社，1983年4月初版。

中华全国美学学会湖北省分会
湖北省美学学会

泽厚兄：

 前奉示已阅。我们的想法仍是不逼近赶出初稿，因此，我们作如下安排：自二卷起当继续详细如前已奏定，一卷除详审外，分头写出需再补充之处，自觉需要有大的更动如重写者在一卷也将重写。第二卷起写出的章节先分析一下分析的周密性和其他方面是否佳化，包括考证推敲到无处也要搞一点（上次所写有的章节有一大的缺点——指一标点向题）。写的过程中有变动和是佳化，方向章节不至太小，不包含在给你在章中的章节太无批改的先后分别，不会在一起论述。字病又能在文章中作些处以之研究一直对我自觉要么愉给你来。

一九八五年二月十二日刘纲纪致李泽厚（一）

中华全国美学学会湖北省分会
湖北省美学学会

此文是今年有时间再其余稍者，主要从文词较如缮，还有古、清、台等细致辨究如纯抬音人(圈)自由当呀取，你发觉此事又首若字头腹，看多处它之之(圈)自己能使致非辛无钱。一卷是传，续译写与多，你东有多处自己实在分析。如先空"东汉之衰慑为苟子问，恬未识共论之等所，荀、韩两章东究竟存的合辑之等，一次义准有务有分析。另一章，处人意处，该对于多位，对此卷是有不知一次之一章，因吾在此时又重多，未能多加修改，必在不能其时又限定三天之内善完。歌多以许体上已有样样，你虽言未了，也还可以修订的料将来如果重版，准备着作"将来言未了，也还可以修订的料将来如果重版，我想在面加修订。包结文字如加工。今年决计不在其他东西

徐等欢善
不失付七能
似的高情。

一九八五年二月十二日刘纲纪致李泽厚（二）

泽厚兄：

（《美学》续文除外），另一对付二卷。假一、二月完成或两章，东拼一凑已凑够多完全集之作，既写了一下，实际上所需时间不过半年，记得两次部分不到二十天写了初稿。此件还是写得慎重一些，尽量写到现在水平，用、朱、宗、刘尚寿、王等均尚健在。另一件功候，能等同志期间也生病去世，能约穷突突看蒙化去失色，仁兄念之后事，他付无去京，但华要去京，你付去同志处东我问好。

此刊物事一待付印，尚无
美学

问好，多保重。

纲纪二月十二日

中华全国美学学会湖北省分会
湖北省美学学会

一九八五年二月十二日刘纲纪致李泽厚（三）

8

纲纪兄：

十二日信收到。很高兴。《美学史》据云已正式印出，将陆续上市，过数月即可得各方反响矣。此书诚如来信所云，水平超出目前好些著作，且一时恐无人能赶过的，亦一快事。吾兄之作神速，颇为欣佩。

台、港多奉徐复观书为圭臬，亦如来信所言，不过尔尔。且认禅即庄，未免毫厘千里之失。拙作《康德》已刊出，刚数日即获数起良好反应，倒出我意料。

吾兄专力美学史，将作大专家，而我则不免打杂终生，各处均蜻蜓点水而已。但性不耐专，也无可如何了。

《智慧》文不知处理情况如何？何时可出版？有数处亦拟刊用，不知吾兄可割让否？或我以另文相赎？但那与中西文化却毫无干系。匆此，祝

节日康健，阖家欢乐

泽厚

二、十六

宗炳文比王微文重要得多，也很有意思。国内研究似远不及国外。完全赞成二卷中多搞些考证之类的所谓"学问"。

9

泽厚兄：

来信刚好在旧历初二收到，颇慰怀想。

日来在研究人物品藻与美学之关系，时有所得。此关系甚为重大，如不深究，即不可能真正了解此一时期的美学。而人物品藻，初实源于古传之相法也。"气韵""骨法""风骨"诸概念均由此而来。余曾于《"六法"》文中论之（此文已收入我的论文集），然尚欠细密。

今日过汉口看亲戚，购得侯著《中国思想通史》第三卷（魏晋部分），

夜略一翻览，深感此种著作，貌似吓人而实无多少用处。写此种著作的秘诀似有二：（一）以艰深文浅陋；（二）大量抄录引文。也许我太偏激，如此妄加评论第一流学者的著作，不恭之至。

《智慧》文已编入，但印出当在年底矣。

余再谈，祝健！

纲纪

二月廿三日

又，徐复观以为"气韵"之"韵"与声音无关，大误，盖不明相法也。"声气"乃相法之一节，后于魏晋时转变为具有审美意义之"韵"。徐氏对《画山水序》之解释，亦未得要领，余拟细论之。宗之思想，不全源于庄。

10

纲纪兄：

非常赞同从骨相说起，曾记得以前某些书也提到此点，但记不清了。很古就有相马语，大概后来就相人了吧？！宗炳则明显是佛教徒，他之所谓"圣人"即佛是也。但渗入了道家。侯外庐第三卷并非侯作，挂他名义而已，第一、二（部分）、五卷是侯写的，均解放前旧著。四卷之所谓"诸青"，即李学勤、张岂之、林英等人是也，侯其实未曾改也。近代更然。所以一、五卷当时是有特色的，其余均甚平淡。我倒觉得其书保存资料是一优点，如今所以一再重印，亦以此故。因之，《美学史》似亦应如此，因资料更分散，集中本身即一功绩也。再加以新意，于是双美齐备矣。以为如何？

又，刊物事情暂停进行，室内可能有个同意见。匆匆，祝全家好

泽厚

三、四

11

泽厚兄：

刊物事我原先也估计室里会有意见。我看还是放在你那里编罢，我不参与其事。这样较妥。另外，湖北出版社至今未给我答复，估计可能内部遇到了分歧，不好办。听说他们正在调整。

"骨相"问题我在《"六法"》[①]一书中曾谈及，但未展开，这问题确乎重要。

材料的搜罗颇重要，我也将注意大大炫耀一番。我头疼的是不少书没有分析，见不出事情的内在必然性。无论如何，要把历史的东西加工为逻辑的东西。

正研究何、王。整个魏晋思想我觉似有两个关键：一、汉末以至后来的大动乱所激起的对人生问题的探究思索（"十九首"大有哲学意蕴，玄学已在其中矣）；二、大一统帝国的瓦解，分散的庄园经济，门阀士族的特殊地位和生活所引起的意识形态的种种变化。魏晋思想的存在实与门阀士族的兴衰共存亡。而门阀士族自然又是封建结构的第一个必然形态。中央集权统治的松弛，立功扬名思想的消歇，庄园经济所带来的生活的优裕，由经济的分散所产生的政治上的动荡争夺，似都深刻地影响着当时人们的思想。观察它如何升华为哲学的玄思，亦颇有趣。东晋之亡，似为门阀氏族衰落的转折点，此后玄风亦不畅，而思想亦似浅薄多矣。

再谈，

握手！

纲纪
三月七日，夜

品藻在魏初尚为政治实用的，至晋转为哲学—审美的，并由审美式的品藻而演化出种种美学概念。魏晋玄学似为新庄学。老非主导。兄似已论之。

[①] 指刘纲纪《"六法"初步研究》，上海人民美术出版社，1960年3月版。

12

泽厚兄：

《人民日报》上的大作已读①，很好！

近来沉到魏晋时代去了。玄学实为人生哲学，新庄学。何、王、嵇、阮，精英所在，过此以往，无足观也！郭象，其为巧言令色者乎？大背庄生之旨。玄学之出，时代使然。其时代之黑暗，之残忍，之伪诈，史不多见。玄学者，精劲解晓之学也。嵇康临刑奏《广陵散》，旷古所无。伏义致阮籍书，卑鄙之至。遥想吾侪如生于其时，或亦不免被杀头也。

近来开始整党，又加之须去编一个《美学自学考试大纲》（悔不该若干年前答应做自学考试委员会的"委员"，其时请托者言挂名而已，现在大不然），所以《美学史》的写作中断了，奈何！我如能集中此一事，实在是可以相当快地完成它的。现在不成，种种干扰太多。常常是进入角色之后又被拉了出来。

偶在《书林》上看到您写的一信，虽佩服吾兄之坦诚，然亦觉言之太过，有不快之感。

近来身体如何？多珍重。书不尽言。

纲纪

三月廿九日

又，我已找到确凿证据，可以证明钱锺书关于"六法"标点的说法是错误的，同时也非他的发明。《全齐文》即是如他所说的标点的。不断翻阅古书，偶有发现，亦一快事。许多细节，可以弄清。只要翻书，总有所得。

---

① 指李泽厚《读〈西方著名哲学家评传〉》，《人民日报》1985年3月22日。

13

纲纪兄：

两信收到。因为要说的话似乎很多，反而难以写信了，想干脆见面详叙。不知你何日来京？我四月中可能去桂林（广西美学班）几天，五月去上海几天。如你去桂林当可同游漫叙。《美学史》被中断，可惜；吾兄乃大好人，有求必应，从而贤者多劳。不知《艺术哲学》已交稿否？我近日也忙于杂务，一事未作，身体亦不佳，颇感垂垂老矣。亦无可奈何。匆匆，祝
全家好

泽厚
四、十

14

泽厚兄：

信悉。桂林原邀过我，因考虑到《美学史》的写作而谢绝了。好多会、约稿都因此而拒绝，但还是难于保证它的写作。《艺术哲学》去年即已交出，虽或不无见解，但恐怕很不理想。近年来深感对哲学研究不够，仁兄对许多问题作过透彻的思考，我则尚未也。已决定早迟给研究生讲一次康德美学，借此重读你的大作，和想想一些问题。我历来过于偏爱黑格尔，对康德重视不够。你对康德的强调确有其重要性。怎样建立当代的马克思主义哲学，是常在我心中的头号问题。望仁兄多多致力于此。土朝闻同志重病住院，博士论文答辩推迟，我一时不会去京了。甚望得聚首晤谈为快，但现正整党，走不开。言不尽意，千万无论如何要注意身体。

纲纪
四月十一日

又，一旦那个不得不搞的《大纲》交差，即再续写《美学史》。这事至迟五月初可了结。目下也仍在考虑魏晋南北朝的许多问题。

15

纲纪兄：

　　自桂林归后，身体仍旧不佳，主要是略工作一二小时即头晕头重，看来真是不大灵了。去年此日尚毫无这种迹象。所以近来工作极少，颇令人焦虑。（五月拟偕内子去上海一趟。）完全赞同大搞魏晋，包括考证。同时似宜注意近人研究成果，例如《文心雕龙》这几年出了不少论文汇集，我实无力遍读。去年在上海，邀我开会也未能去（中日学者讨论会）。尽可能吸取其中成果和发现问题症结，使《美学史》立于不败之地。以为如何？

　　匆匆，祝
节日好

泽厚
四、卅

16

泽厚兄：

　　不知你是否去了上海，或去了是否已经回来？

　　《美学史》魏晋南北朝部分诸章提纲已写就，材料搜集也基本齐全。但还只写了"人物品藻"这章，日前完成，计四万字，不知你现在是否有时间和精力审定修改？下一步拟写"玄学与美学"章，我以为对魏晋美学影响最大的就这两个东西，一为品藻，一为玄学。这两个东西搞清了，其他的东西即可迎刃而解。估计七月初可完成玄学部分。这两部分一完成，其他各章除"《文心》"外，都可较快写成。现在打算每月争取写出二至三章，年底交出魏晋南北朝部分。估计会达到四十多万字。在学校不能完全抛开教学工作专写书，我常为此苦恼。朱立人来信说北京办美学班，要我讲，我考虑会占去不少时间，妨害《美学史》写作，想推却，你看如何？敦煌在七月底八月初也要办班，我已答应去，主要是想趁此看看敦煌。我看你也列名其上，望能成行，届时可畅叙。似乎还可考虑在西安也呆一段时间，好吗？身体如何？盼保重。为了讨论那个自学大纲，我须去庐山开一次会，又得费一星期时间。邀请了李丕显、梅葆树他们。属蔡派者我一个也不请。记得五月初有一不相识者来访，出示了他在京给你和夫人拍的照片，以及有你签名的最近出版的文集。这文集我在这里尚未见到，盼能赐下一册为感！这里青年美学研讨会颇有成绩，但听口气，你我（特别是我）都被视为"保守"了。没有办法。青年们得让他们自己去走完必须走的路，渐渐会清晰起来。

余再谈，问候嫂夫人。

纲纪

六月三日，深夜

又，玄学与美学原想总为一章，然论述起来会有过多的交叉纠缠和失之太粗的毛病，拟仍按人分章，即分述何、王、阮、嵇、郭。至于总论玄学之产生、实质及其与美学的关系，拟放在概观中去说。关于玄学，仁兄已有高论，我近又有所思，待写出以候教正也。但亦不过述仁兄之意耳！

17

泽厚兄：

自庐山回后即得读来示及大作，甚喜！在学术出版物甚为萧条的情况下，这文集的出版[①]是很好的。为了那个自学考试大纲，费时费力不少，然已骑虎难下，只好干。在江西游了魏晋名士常至之处，访陶潜故里，谒慧远之东林寺，亦不无补益。归后感冒，至日前方好。整党及教学事务又袭来。我常感学校不如研究机关，难于倾全力于写作。不过，前允诺年底交出魏晋南北朝部分，定当力争完书。估计不会比日人已有的研究差。盖观察研究之基点较彼辈为高尔！暑期需往敦煌，因前已应允主其事者，实亦欲乘此一游彼处（我尚未去过）。深望仁兄亦能前往，可得畅叙。前言若干青年以我等为

[①] 当指《李泽厚哲学美学文选》，湖南人民出版社，1985年1月初版。

"保守"云云，其详未及问，大约以我等仍不脱离马克思之实践观，思欲突破之。此乃幼稚病，一时不易医好。彼辈实未领会马克思之实践观乃解开现代哲学、美学之谜的锁钥。深研之可也，弃之则不可。日前已收到一卷之精装本，装潢甚佳。此书这里都叫买不到。又常有人问二卷何时出版，甚或以为即将出版，云云。当自鞭策，以报青年之热望也。

匆此即颂

暑安并问候嫂夫人

纲纪

六月卅日

18

泽厚兄：

刚写了一信，现在又有事打扰。敦煌的那个讲习班听张瑶均同志说你不去，特写信给我，要我作说客来了。他们的意思是不需讲课，开不开座谈会，停留时间多久，均由你定。总之是希望你能去一下。原先列为主讲人，是因为礼节上的考虑，好作为主讲人接待，并不是一定要讲。我想他们的心情是有你到会，不讲，大家能见见你，也是好的。还是去走走罢，如何？我这个说客代为转达他们的意思，去否还由仁兄定夺好了。说实话，我现也为此类讲课头疼，这次还是去去，以后非十分必要的情况，一律谢绝，我现在对一些人到处游说，买空卖空，觉得颇无聊。不幸自己亦扮演起此类角色来了。现在重要的问题是潜心研究一点东西，其余都是空的。说客说了半天，自相矛盾，奈何！

握手！

纲纪

七月五日

泽厚兄：

刚写了一信，现在又有事来扰。记得那
今年我听张瑷强说你要给范写信
给他，要我给谈谈来了。他们的意见是不讲
课就讲，要我给谈谈来了。他们的意见是不讲
由你定。这也是希望你帮忙一下。又先到
我主讲人，因为礼拜上他来之吞，好给你
主讲人搞好，弄完了这也要讲。我想他们
的心情是有你到会，不讲，大家就久，你，
也是好的。还是去选。罢，如何？我看这个
迎客优名待也他们的意见。吉至还是由
你定空专好了。说实话，张瑷也为此整十分
讲请头痛，这也要吉至，以后非十分

一九八五年七月五日刘纲纪致李泽厚（一）

也需勿惊讶。一律谢绝。我预去对一些人到处游说，买空卖空，由空得实之事，自己亦均演至此种角色表了。现在各种的的各种潜心辨究一点点东西，其实都无空间，说空说了半天，自相抒矛盾，李何！

泽厚

纲纪 七月五日

19

纲纪兄：

来信收到。既然吾兄殷殷相嘱，敦煌也来信云可以不讲，则决定前往，近卅年前曾西行，此次不知如何印象。

哲所科研处催问二卷进展情况。望今冬能有上册稿件，如何？可逐章挂号寄我交抄。

余当面叙，祝
全家暑期康健快乐

泽厚

七、十二

20

泽厚兄：

不知你已去庐山否？此次相聚颇欢，在你的推动下，加速了二卷的写作，决计如期交卷。写法上注意"细"，要征服那些以考证自诩的人。而有些考证，恰与旧说相反。考证实非单纯的技术问题，须有头脑、有眼光方可。当有所发现时，亦甚快也。如《乐记》中"然后以乐气从之"一语，后人改为"乐器"，古本则多作"乐气"。余考之，以作"乐气"为是。且为曹丕"文以气为主"之较近的渊源，不知吾兄以为如何。又曹所言"齐气"，自李善至近人郭绍虞均释为舒缓之气，余以为非，另作他解。

开学在即，颇忙。但当于最近寄上两章。全书（上册）章目附呈。我的办法是先难后易，不过每月须写出二至三章，年底方能交卷。待"玄学"章完后，想先动手写"《文心》"。

寄上塔尔寺照片一张，小孩自己洗的，效果不佳。

握手！

纲纪

八月廿七日

21

泽厚兄：

　　来示悉。

　　兹另用挂号寄上"品藻"章，希查收。"建安"章下周内可寄出，题目依来信所说标出"《典论》"。原未标出，是想同时讲讲徐幹、曹植的美学，现觉可讲者不多，就结合曹丕一起说说好了。我平均十日或一周一章，年底可交卷。

　　诚如所言，庐山宜住不宜游。但确有特色，李白所谓"秀"者是也。

　　握手，祝健！

纲纪
九月十五日

　　又，稿子有的地方改得较乱，请他们抄正时多多注意一下。另外，请仁兄一定多加斧正。

22

泽厚兄：

　　前曾寄上"品藻"章，不知收到否，颇念！今再挂号寄上"建安"章，乞查收。下一步想写"玄学"章，大约也一周可完。

　　新著已出，先睹为快，与目前写作大有关系也。

　　刚脱稿，累极，容后谈。祝

节日愉快！

纲纪
九月廿八日

23

泽厚兄：

兹寄上"玄学"章。此章颇不易写，但不知能勉如仁兄之意否？

最近省里要我去朝访问（政治性的），我提出要写书不想去，但最后还只能组织上服从，去了。这要耽误一些时间。已定于十一月一号飞京，四号赴朝，十四号返回。我想带上一本《文心雕龙》，有空就看看，回后大约就想清了，可以写了。此章较长而难，完了之后，其他的均很容易了。《无哀乐论》[1]，因已弄清嵇的想法，很好解释的。玄学其实并不很玄。

握手！

纲纪

十月廿三日，深夜

又，《古代思想史论》[2]已收，至感！祝贺与《近代思想史论》合为联璧，诚可喜也。后记写得很好，其余待细读。

再，大约不久各高等学校要评重点学科，武大报了美学，届时望仁兄能美言几句，使之通过。现各校有多少重点学科和博士点，似成了生死攸关之事。环顾其他各校，能于美学有所创建者似亦不多，鄙校或可忝列重点耶！我对此实无所谓，但为学校计，不得不考虑也。

到京后如有空隙时间，将去访你。

24

泽厚兄：

我 15 日自朝回京，闻你已乔迁，而不知新址何在。次日先访黄打听，才知你离京开会。后数日参加艺术研究院答辩，颇忙。完后欲再访，但不知你已回否，又不知新址何在（朱狄亦言不知，我即住他附近的中国画研究

---

[1] 即嵇康《声无哀乐论》。下文《声无哀乐》《无哀论》《无哀乐》皆指此。
[2] 指李泽厚《中国古代思想史论》，人民出版社，1985 年 3 月初版。

院），只好作罢。

这次不得不去的出访（指定须为党员），费去了许多时间。又加以种种原因，二卷年底交稿难矣。如我能诸事不管，专一写书，那就太好了。但实际做不到。一再食言，不能兑现，惶愧之至！但我与黄说了，争取二月份交出。

四川高曾请这里张志扬等去开会，据说此会之意在对你施以攻击，实可鄙！又据云，张等知其意后扭转会议方向。详情如何不明，或你已得知。

归后忙于出研究生试题，填写申请博士学位的表，等等，已告终。稍息，即转入二卷之写作。

盼有暇给我一信，告知新的通讯地址。

握手！

纲纪

十一月廿九日，夜

又，《古代思想史论》已粗读一次，窃以为远超郭的《十批》[①]，定会引起相当反响的。

25

纲纪兄：

我十一月九日赴海南，廿一日回京。本希望能晤面详叙，可惜仍然错过了。我还没有搬，仍在原处，也许要住到明年初。

寄来三章全读了。觉得似仍以第一章（品评）最好，对玄学家反礼问题似强调过头了些，因还有玄礼双修、融合儒道、以理制情等方面，也许还是主要的方面。以后诸章是否注意一下？不一定对，仅供参考。三玄如何在美学上统一，似也值得注意。《文心》有否这问题，佛学是六朝一大问题，我素无研究，不知如何处理才好。佛学中有好些有关的美学问题。

---

① 指郭沫若《十批判书》，群益出版社，1945年9月初版。

引文多，非常赞成。此书如能集中保存许多分散的材料，亦一功德。但引文最好不重见，我已删去了重见的几段（即最后两章均引），当然必要的除外。

春节左右能完最好，当然仍以质量为重。

四川会情况不知，随他们去闹。

握手！

泽厚

十二、三

又，王瑶《中古文学史论》三册不知在兄处否？遍览藏书不得。依稀记得借走，但已毫无借者印象。老衰如此，叹之。

26

泽厚兄：

信悉。

稿子不妥之处，亟盼加以纠正。对于玄学，我曾摸过一下，但了解极少。这一特异的思想现象，究竟如何解释，尚需多作研究。也许除思想自身的逻辑发展之外，得弄清当时的经济社会状况。目下很难顾及这，但此卷绪论不能不对魏晋社会的性质表态。我脑子里常在考虑这问题，但恐只能笼统模糊地说一说。中国历史的分期还是糊涂账。

正在写阮、嵇。阮不如嵇之精密、激进，但较之嵇更能体现魏晋特色。仁兄对阮的看法很对。三玄在美学上的统一问题，值得考虑。《文心》同三玄有关，但我觉得它是折衷的东西，哲学上并不深刻。贡献是在突出地研究了"文"的问题，对前此有关审美的理论作了一个系统的总结和提高，对它影响最大的是《易》。佛学你说你无研究，我更陌生。但其与美学的联接点，大致上还是可以搞清的。这将在讲宗炳的时候谈。佛对刘似无显著影响，但也有渗入之处。

据云叶朗的书将出，估计大约会同我们"对着干"，以显示他是"自成一家"的。至于"对着干"是否符合事实和真理,自然不在考虑之列,只要能出风头就行了。这书出了也很好,每写一部分可以有一个辩论的对象,一部分、一部分地加以清算(这词似不妥),是非留待读者的公断好了。一卷实有不少地方在同施昌东辩,不过施的为人与叶不同。

王瑶书不在我处,这书我有,写得是不错的。

稿纸没有了,请烦聂振斌同志多寄些来。黄已寄我一些,质量不太佳。我们的费用未花,先望大量供应些稿纸。

乔迁后望告我新址。时届岁暮,颇增怀想。忽然记起我所喜欢的明末清初的画家龚贤的两句诗:"知己越天末,岁时遗好音。"

匆此即祝

阖家新年愉快

纲纪

十二月十八日

又,《书林》约我写一文,已发(题目改了,原为"写在一·一之际")①,不知已见到否。原来还有夸你的几句话,发时给删去了。偌大的学术界,我心目中似乎只有你,这是真的。

---

① 指刘纲纪《我们对中国美学史的探索》,《书林》1985 年第 6 期。

一九八六年 49通

1

泽厚兄：

　　未知已乔迁否？"阮籍"章已成，惧丢失，未寄。"嵇康"章已开笔，下周可成。《声无哀乐》似至今未得其解者，实以玄学说乐耳。阮籍已开其端。"阮"章虽用不少心力，然仍觉不甚佳，未知能得仁兄稍可否。觉不满，即盼大改之。近来身体何如，念念。

　　握手！

纲纪

一月九日

2

纲纪：

　　信收到。还没搬家，估计可能在春节前后，所以信仍请寄原处。"阮""嵇"二章亦请挂号寄出。前寄二章已抄好，想最后请你过目一次。甚望春节前后能得全稿。（二卷完后，当可小休。如何？）

　　日前去上海开会五天，因之收到出版社送的叶朗《中国美学史大纲》样书，未及细看，只见绪论章即以批周来祥及我们的《美学史》绪论为目标。批周之表现再现二分法，我也同意，在敦煌时即公开在课堂上讲过，周说中国是"表现"情感，太简单。但叶批我们之二点（美善不同于希腊之美真结合，无系统等），却似极易予以驳倒。估计全书各处还有不少这类把戏。此书大量发行可能在 2—3 月，据云已列为高校教材，似需认真对付，因此拟托彭富春先将此样书送兄一阅。已嘱出版社大量发行时寄兄一本。

我想尽管有人说第一卷的方法似把美学变成哲学，即嫌谈哲学过多，似乎美学正题反少，我觉得这正是此书长处和优点，加上引有许多资料，把散见各处的材料集中起来即一大功劳（侯外庐《思想史》书之所以至今不废，亦以此故），当比叶氏之小聪明要好。

尊作二章，改动极少。盖对兄之劳作及功力，均甚佩服、信任和尊重。黄德志忧心引文有误，似可请学生代查阅一遍。如能争取年底出书，则佳甚矣。已嘱聂振斌寄稿纸，不知到否？

京中风云反复无常，小道消息常有，弟不闻不问而已。匆匆，祝
全家康健

泽厚
一、十三

3

泽厚兄：

来示悉。即由挂号寄上"阮籍"章，希查收。"嵇康"章日内即可完。我对此章比对"阮"章满意些。过去我对《无哀论》也不甚了了，对它的价值也估计不够，此次弄了一下，看来清楚了，也参考了时人对它的解释，颇有感慨。不必客气，我辈要高出一筹。不管人们如何议论，我深信我们的这部书会产生较长的影响。在现在，环顾国内，不论谁出马来写，都代替不了此书。我倒希望多有几种，可以比较。叶的搞法我很明白，不足虑。所谓作为教材，是在教育部的一个会上定卜的，我参加了的。因需此类教材，而我们的是多卷，分量大，不好作教材，所以定了他的（也因别无人提此项目）。我则是学校给投了两项，一是"美学基础"，二是"中国美学史资料选注"。事先我不知，也定下了。因为此类事关系到学校的声望、经费之类。

对一卷的议论我也听到一些，其实关键就在对哲学、美学的基本了解等等。了解不同，对此书的评价自然不同。我感到，目前在国内，也许你我（自然首先是你）的思想是代表着这一时代可能产生的一种思想派别的。我认为这一派别在根本上是唯一接近正确的，但不见得能为许多人所真正了解（包括一些青年）。有时也可能孤立些，但不要紧，继续干到底就是。中国社会在深刻变化中，希望我们的思想能成为这一时代的较正确、较深刻的思想。能如此，足矣！

我们的写法很重视哲学，今后仍当如此，因为不分析中国哲学与美学的联结，将永远不会对中国美学有深刻了解，将只能讲一点表面的唬弄人的东西。但自二卷，我将对美学自身的分析多下点功夫，即较细致渗入于美学中去。但这常常牵涉到对美学自身的研究（即一般原理的研究）。我痛感自己研究不深，所以肤浅的不想讲，深刻的又讲不出或讲不好。当再勉力为之。对一些直接与美学相关的重大概念，如风骨、气韵之类，当尽可能多作细致分析。

在时间上，为保证质量计，可能要拖一点，但不会拖久。嵇康一过，除《文心》外，均好对付。《文心》也并不很难，但篇幅大。其余书画论，过去有点底子，弄起来会快的。但将杂入一些考证，如生平、著作考之类。总之，以年底出来为目标，望黄大力协助。抄正稿我暂不看，待付印前集中时间从头至尾看一次。离家去看。

再谈，祝健！

纲纪

（一月）十七日夜

又，"嵇"稿下周寄。另，不宜太多招延青年，公开的场合见见足矣。

4

纲纪兄：

信收到。叶书当由彭富春带交，请一阅后退我，亦由彭转。蔡仪书亦列为教材，因其已无市场，故不足虑。叶则可能有迷惑力，故需认真对待也。其中也有长处，如对《象传》之观物取象说分析略细，等等。但总体上并不强。吾人之《美学史》如再加上美学史之细部分析（如兄信所言），则或可无敌于天下矣。

我尽量避免开会、讲演、会见青年之类，但仍不能完全逃脱。（中国文化书院邀了若干名人演讲，听讲者却要我讲，仍坚拒之。）奇怪的是，几乎每去一处，小如曲阜，大如上海，青年们似以某种狂热来欢迎，颇为感动和惭愧。中国今日之无人，致使青年们饥渴如此。《古代》一书亦迅速售空，幸亏上峰对此并不甚了了，否则会倒霉的。

年底完全稿，似太迟了些吧？是否可先易后难，"《文心》"最后写，先将顺手的几章写出，如何？哲所催检查规划，我说夏初当能完（根据拟原春节前后完之设想，留了一手）。当然，质量仍然首要，但早日出书，似亦重要。不知以为如何？别的工作能否略略推迟？春节后可能搬家，当函告。

匆匆
握手

泽厚
一、廿一

5

泽厚兄：

"阮"章或已达览。"嵇"章早成，自以为有所发明，然欲稍搁置再观。乃作"陆机"章，一发而不可收拾，不及返观"嵇"章矣，故容稍缓再呈。顷已将《文赋》写成之时考证完毕，恰与名公钱锺书所说相反，他以为四十以后作，我以为四十前作。钱之考证据周振甫而来，有可称之为不识字的常识性错误。我已于注中明白指出。再，对《文赋》拟逐段逐句诠释之，亦多与钱公所说不合也。非不愿合，不能合耳！

又为考证，细读陆云与其兄书，中有云："兄文章已自行天下，多少所在，且用思困人，亦不事复及以此自劳役。"可移赠兄。

此信未完，小病二日，今复起写"陆机"章，已入逐段诠释《文赋》，至"伫中区以玄览"一语，发现钱说之荒谬实令人惊异不止。鼎鼎名公亦致如此，可叹也夫！我思其人恐为海派剽学，京派虽拘执，然不致出此种大错。我又推知他讲《文赋》而并未读机之其他著作，否则当知机亦有道家思想也。其错误我均引其书加以指出，盖为不再讹传，且亦可能破破迷信。此种错误在鲁迅笔下实为杂文之绝佳材料。

容再谈，祝健！我已好，不念。

纲纪
一月廿六日

又，钱行文之酸亦甚可厌。我不识其人，此读其文后之实感耳。

6

泽厚兄：

昨天刚给你一信，今天收到来信，再写几句。

上次信中不是说年底可交出全稿，是说以年底出书为目的。我现在的打算是争取三月内交出，如不行，则稍延。我也很想早完成，然此卷涉及问题多，写法比一卷细些，又想力争搞得好一点，故不可能太快。目前的速度实已颇快了。早就没有干别的什么事，许多事都推了，全力对付这书。叶著看后再说，我对其人其书均持怀疑态度。人生境界与学术境界是相联的。但有可取处自然不应抹煞。

"陆机"章在进行中，尚需三两日方可完。《文赋》绝佳，应可称第一部真正的美学著作。嵇的《无哀乐》主要也还是以玄学论乐，或借乐论玄学。

再谈。又，报上散文已见[①]，甚好。国外的也写写才好。

[①] 指李泽厚《海南两记》，《人民日报》1986年1月27日。

握手!

纲纪
一月廿七日，夜

7

纲纪兄：

"阮籍"章收到无误。读兄信颇为神旺，钱号称中国第一学者，其行文之酸，诚有如兄言，犹似其小说亦号称名著，实难卒读。二卷大加考证极获我心，但望一鼓作气顺利完成。早日问世亦可杜叶君等等无聊口舌。叶书已交彭富春，渠云将另托人转陈，不知收到否？

京中各种斗争颇微妙。拙作贺《青年论坛》文曾被上峰指责，但群众拥护。一些趣事，当容后面叙。不一，

春节全家康乐

弟 泽厚
一、廿八

正拟投邮又收来信。如三四月能完全稿，大佳。尚需注意身体。我上海归后，感冒至今未愈，极感疲乏。

8

纲纪兄：

我已搬家，门址是学院南路皂君庙社科院宿舍三号楼一门九号。来信可寄该处，稿件仍请挂号。

叶朗书想已收到。印象如何？望告。我未细看，只随手翻了一下。[①]

搬家忙乱不堪，正值春节，容后叙，祝

---

① 下文有删节。

全家康乐

> 泽厚
> 二、十八

9

泽厚兄：

信悉。衷心向你和嫂夫人祝贺乔迁之喜！

已有四章积在我这儿（"嵇""陆""列""葛"），即用挂号寄新址，希查收。

加了一章"东晋佛学与美学"。讲三个人：慧远、僧肇、道生。已写完慧远，正写僧肇。颇有所得，许多问题清楚了。后面宗炳、刘勰都好讲了。写前章时即在想后章，我们对《文心》之论述，当使时人注目，无疑也。

关于叶著之印象，在由黄转交的一信中已谈及。此书是一匆促拼凑而成的东西，其特色是杂凑而浅薄，全书撮合拼弥之迹甚显，非深有研究后写成者。即令个别地方有可取处，殊不足掩盖全书之肤浅与平庸，因而使作者那种大言不惭、夸夸其谈的口吻更觉可厌。至于具体观点上的谬误不当之处更为不少。如对《声无哀乐》，我可说他尚在门外，未读懂。此书不足以同我们的书相比，读者会有明断，不须多虑。学术亦如艺术，有一"境界"问题。比之佛学，他为"小乘"，我等则为"大乘"也。

搬家极累人，宜注意休息，慢慢清理，总需一月、两月才能清好的。我春节中写作不辍，身体尚佳，不念。

容后谈，

握手

> 纲纪
> 二月廿一日

又，因稿件多，分为两包寄。"葛洪"章因抽烟不慎起火，差点烧掉了，险极！

10

泽厚兄：

已见彭富春，托其将书带去，并送上朝鲜人参酒一瓶。朝鲜人参颇好。

"佛学"章慧远已完，甚有所得。正在写僧肇，其以空幻为解脱要道，在理论上之意义如何，思欲阐明之。魏晋思想似始于哀叹人生之空幻，中欲以玄学解决之，后复又归于佛学之空幻。乃因玄学之解决实未真解决，由哲学而入于宗教似亦必然之事耳！至少在过去的时代，宗教有不能为哲学代替之点，哲学无力解决者，最后只好诉之于宗教。然中国之宗教实又不同于西方。在魏晋以至南北朝，艺术、宗教、哲学三者均有较大发展，且互相依存，然其关系非全如 Hegel 所谓也。此意或将于全书概论中展开之。在对此时期之总体把握上似颇有意义，不知以为如何？

近日颇不快。各校如周、杨、叶、葛等均已于几年前获硕士授予权，而我至今无此权利。又因无此权利，而对申请博士授予权问题不予考虑。教委会之初议遭否决。目下全国高等学校，仅朱、宗有博士授予权，何不思有所增补？严格说来，我自亦不行，然各校他科有此权者非比我更高明也。身居学校，不能不考虑此类问题。实则有与不有又有什么了不得。我常有欲离此他去之意，然人老了，又不想动，家属亦然。且在目前情况下，他处亦不见佳也。有时至欲辞去一切职务，到社会上自谋生路夫。当年鲁迅潜至上海靠卖文为生，良有以也。然此不过一时愤激之想耳。学校多数人对我尚不错，欲排挤者恐亦有之。走亦难，怕只能如此下去，勉力做一点于社会和青年有益之事，死则拉倒了事。

握手！

纲纪

二月廿四日，夜

11

泽厚兄：

《东晋佛学与美学》已成，兹另用挂号寄呈。此章费时最多，虽不一定很理想，但过去似无人谈过，我们先提供一点材料和看法也是好的。

前寄"嵇""陆""列""葛"四章想已达，念念。

匆此即祝

安健

纲纪
三月二日

12

纲纪兄：

两函并"嵇""陆""列""葛"四章均收到，请释念。吾兄岂可与周、杨、叶、葛等人并列，他们不过近水楼台得好处也。高校方面学位授予权由肖前等人把持，亦颇有人有意见，现社科院只讨论全国省社科院之提名，不参与高校方面的讨论。但如将来提交国务院学位评议会议通过时，我将发表意见。

我受气多年（至今也有一些人仍想暗算），得一结论：迄今为止，世上公平事最多只占十之二三，不公平十之七八。正因为此，也才有人生奋斗的意义。丑类如斯，不能退避，予以当头棒打为宜。但自己切不可动真怒，不值得也。所以我屡次劝兄不必太好讲话，些事干脆推掉，关门著书，其他置之不睬不理（我多年取此政策），又看他如何？不知以为何如？匆匆，握手

泽厚
三、五

泽厚兄：

《宋元佛学与美学》已来，я分用指号写出。此章费时最多，虽不一定很理想，但此专似无人谈及，能似先花一些材料和看法也就好的。

苏、黄、米、陆、刘、严的章节已送，念々。

如此即颂

安健

纲纪
三月二日

13

泽厚兄：

五日信恭览。知己之言，实人生所难得。兄阅世甚深，我则颇多空想，盲目乐观。此后或庶几能稍明世事，直面人生。①

另由挂号寄上"陶渊明"章。现已开始写"魏晋书论"章，接下去是"画论"章。此章一完，即进入南北朝矣！除《文心》费时多些之外，余均好办。已阅各章，有何应注意之问题，盼见示，以便改进。不当之处，务求改削。

近收一青年信，言要等我们各卷出齐，不知等到何时，因建议先写一纲要史略性质的书。我看不成，还是一卷卷地干下去。你看如何？

顷见报载，光潜先生去世，颇有哀思，已发一唁电。再，《人民日报》评一卷文②已见，写得尚好，看出了此书价值所在。

余再谈。祝

安健

弟 纲纪上
三月十日，夜

14

纲纪兄：

彭富春捎来之酒收到，谢谢。前朝鲜艺术代表团来京时尝赠内子人参酒一瓶，其味甚可，想此次更胜。四月中旬，深圳拟开技术美学会，吾兄有兴致再游一趟否？

各章（包括"佛学"章）均已初读，将读后交抄。嵇、阮之比较深感先

---

① 以下有删节。
② 指程继田《一部开拓性的著作——〈中国美学史〉第一卷简评》，《人民日报》1986年3月3日。

获我心。我多年认阮深于嵇,一直为人所不解,且有以鲁迅好嵇来驳我者,虽均在口头,我已懒于再辩,如今有兄宏论,快何如之。知音难遇,何期吾二人如此同心也。论《声无哀乐》已远超时人。论《文赋》逐句解析亦甚好,宗炳《画山水序》似亦可如此写。此卷多煌煌大文,唯兄能为。"《列子》"章即笔墨酣畅甚。且由玄而享乐主义而佛,历史与逻辑之条里井然。此等地方均叶朗辈所望尘莫及。唯音乐主哀,似由来久远,汉代盛行薤露之歌,亦哀乐也,此中似有深刻之理论问题。弟搬家之后极忙乱,近日连天开会,苦不可言,但又不得不参加,以后拟彻底摆脱。看来二卷完稿在望,届时吾兄当少休,来京畅饮一番,何如?其后几卷,不必如此紧急,已有二卷足以塞人之口矣。匆匆,祝

健康

泽厚

三、十一

15

泽厚兄:

顷得来书,谬承夸奖,既喜且愧。弟于中学、西学均一知半解,然中学稍优,值国中青黄不接之际,又以近代以来中国学术之落后,故得以逞辞耳!我辈若有当日胡适公之良好条件,所作当更佳,世界亦当刮目相看。然吾兄已为世界所知,余虽劣劣,亦至以为慰也。我所能作者,或乃竭此生余力,完成此九卷《美学史》(后各卷亦均分为二卷)。甚欲补西学,然老矣,奈何!

前已寄"陶"章,现止写"魏晋书论",拟对《笔阵图》之真伪作一尽可详细之考证。时人以为六朝人伪作,我以为唐人所造,但亦非毫无所本。就魏晋书论之美学观之,不外两大问题,一为"意"与"象"(与玄学有直接联系),一为"骨"与"筋"。后者尤重要,拟详论之,及于各种细节。

于《文心》,思欲有较大突破,因对魏初以来之发展脉络大致已明,不

难也。"风骨"等谜,可以揭开。

深圳不欲往,盖书之写作,恐三月难于全部告终,须拖至四月也(四月告终,肯定无疑)。除"《文心》"外,全书总论,涉及魏晋社会性质问题、发展线索之概括问题、特征问题,故亦费时。

来信所言哀乐问题,我想中国人是历尽忧患,极哀而能乐,故其乐也深,其境也大。极哀而能乐,实亦与氏族血缘之生存基础相联。不知以为如何?

握手!

纲纪

三月十六日

《画山水序》好办。既已弄清慧远,宗不在话下。其关键在由"以玄对山水"发展为"以佛对山水",然亦尚有玄在。当逐句诠释之。

又,全完后,复看抄稿,可到京一聚,以慰相思。

再,二卷交出后,想来重温英语,补补西学。兄所编之"美学译文丛书"不知列入门罗之《东方美学》否?如已列入,不知已约译者否?我想结合重温英语将此书译出,有一毕业于英语系的青年作我的助手。总之,想通过翻译来提高一下英语水平。我常以不通西学为愧,在可能的范围内,还是想补一下。

16

泽厚兄:

兹另由挂号寄上"魏晋书论"章,乞查收。"画论"章不日即可寄上。这样,魏晋告终,可写南北朝了。估计四月内完成南北朝诸章会有困难,因为尚有九章之多。为研究生招生事又花去不少时间,其他杂务亦难免。所以前信说四月内定可完,是太乐观未留余地的估计,恐须拖至五月。我曾想如为争取时间计,即以魏晋为一卷出版(字数估计已达三十万字的样子)。但又怕如此一拖,南北朝会拖得很迟了。所以现还是想一鼓作气写完。再谈,祝好!

> 纲纪
> 三月廿一日

17

泽厚兄：

前寄"陶"章、"书论"章想已收。"画论"章下星期定可寄出。前信曾谈到想以魏晋作为一卷，这想法现在似越来越强烈了。魏晋结束后，南北朝部分还有十一章之多，"《文心》"章肯定又很长，本想勉力一气写成，无奈身体现在确乎不太佳，感到很需休息。所以我现想截至魏晋为止，南北朝部分留待明年去干。人们常把魏晋与南北朝连提，其实这两个时代的思想在我看来是很不一样的。南北朝独立为一卷也是好的。"《文心》"等可以更从容地弄得细一些（尽管就是现在粗线条地写，我自以为也已超出目下流行的看法）。如以此方案为可行，则我交出"画论"章就只剩两章了。一章是概观，另一章是我想新加的，即在历史地讲完之后，从纯理论的角度对魏晋美学作一综合的分析解剖，作为最后一章。两章都还有一定难度（概观涉及魏晋社会性质问题）。但总可较快地完成，使之较快出版，还可有一些时间通读全稿，再作一些必要的修改，争取弄得精细周密一些。你以为如何？盼示。

"画论"章主要是讲顾恺之，自以为已超过我已看到的日人的公认为权威的著作。

四月下旬想应河南之约去洛阳几天，换换空气，稍息一下。归后在五月内交出剩下的两章。

近来身体如何，盼保重。

握手！

> 弟 纲纪上
> 四月二日

又，全书字数已不少。另外，想选印一些插图，以增加读者兴趣。还想画一画，把恺之的《画云台山记》复现出来。但不知能成功否。

18

纲纪兄：

先后信、稿收到。连日忙于杂务（如评议本所研究员职称，等等），深圳看来也不拟去了。"陶渊明"稿极好。书评尚未及看。（书评刚读毕，极好。有理论有考证。而且"风骨"之谜可解。）截至魏晋，亦未尝不可，当然，如能并南北朝为一卷则更丰满，分量更重些。主要担心吾兄身体，太劳累了不好。

封建分期说，我以为很不重要。因为五阶段说作为公式，我素持怀疑态度。（中国奴隶、封建之分不明显，亦不重要。）只要能具体交代魏晋社会之经济、政治变化，如何联系和影响到意识形态，就足够了。最后一章之哲学概括似更为重要，难度亦大，如能写好此章，乃大功绩。郭象在这书中未谈，在哲学上则仍有地位，如何处理为好？匆匆，祝
好！

泽厚

四、十九

19

泽厚兄：

不知已从深圳回京否？

本月及下月，原想去河南、厦门，现以种种原因不能去了。前曾言及《美学史》暂写至魏晋止，现既不外出，还是技痒，又虑及拖下去不知何时了，所以还是只好勉力再写下去。所余尚有九章，容六月全部交出。年纪渐大，精力实不如写一卷时了。实亦未老先衰，奈何！

日来又开笔写宗炳，参徐复观说，全往庄学上拉，不对。日人所作亦无新意，不过排比材料。对宗文之诠释似亦多有不中肯者（徐尤甚）。

握手！

弟 纲纪上
四月廿三日

又，"魏晋画论"章想已收。

20

纲纪兄：

近日忙乱甚，开会不止，画论部分尚未及读。其他均已抄毕，正托人请合适人员查对引文，这样可不再在编辑部耽误时间。

吾兄身体如何？不要弄得太累太紧张。二卷质量已超过一卷，出来必将有影响。一卷仍不断收到良好反应。如上海书市，社科出版社即以《美学史》和滕守尧的《审美心理描述》最受欢迎。滕书已嘱其寄奉一册，不知已办否？

我于五月九日去上海、杭州等处，下旬回来开国务院学位评议会，不知上次信中提到的吾兄带研究生问题已解决否？是否要我在会上讲讲？请告。

临行匆促，祝

俪福

泽厚
五、八

21

泽厚兄：

上月廿七日曾收一信，方知你未去深圳。我前些日子忽患重感冒，入院治疗了一下，现已愈。已恢复写作。

在这里听传闻有以你属新儒家者，此非误解即为曲解，似应在适当的时候说明一下。

"宗炳"章下周可寄上。《山水序》①逐段诠释，弄清了不少东西，颇惊异于日人及徐复观的解释何以连最明显的东西都看不清。我看是因为懒于查阅和不愿或不能动脑筋的缘故。此辈的视野、思想均颇狭窄、僵硬。

容再谈，祝

安健

纲纪

五月九日

22

泽厚兄：

你离京前给我的信收到。我身体尚可，不念。"宗炳"章已成，另用挂号寄呈。现正写"王微"章。已查出王之思想与颜延之有联系，得此则《叙画》可充分解释明白。王与宗不同，他是以玄学为主而佛学为辅的。这是王氏大族在宋代的一位已陷于落寞的子弟。

关于学位授予权问题，还乞仁兄大力帮助解决之。我现在是不但无博士授予权，而且也无硕士授予权。这实在太不公平。当然，谈到博士授予权，如果严格要求起来，当今中国哲学界能带博士生者实寥寥无几（仁兄自是当之无愧），但目下已有此权者，多人并不比我更高明。而且就高教系统言，美学一科有此权者唯朱、宗，何不能就现有可考虑的人之中选择补充呢？就我个人而言，我实不在乎有没有此种权利，但在高校工作，人们常常是以有无此种权利来衡量一个人的水平、地位的。此间对我不快者，自然乐于见到我无此种权利，以证明我是不足以做"教授"的。但若干青年倒是很望我有此种权利。我其实也常为顶着"教授"的头衔而心感不安，之所以拼命写作

---

① 指宗炳《画山水序》。

研究，也有欲减去不安之意。但反观已有此种头衔的许多人，他们却是安然自得，甚或沾沾自喜的。我常想，如果大家都降级，我是乐于降级的。何必要顶着一个使自己不快的头衔呢？今日之"教授"，有几个人能算够格？但有时也碰见一些外国"教授"，我看也是不够格的。世事如此，我自然只好充数了。现在的问题就是那个讨厌的"授予权"了。估计这里的系主任陶德麟会在国务院的会上提出重新审议，审议通过，即可改变原先教委会初审意见。那次未通过，据说是因为我还无硕士授予权，所以不能越级申请。但他们却不想想连葛路、克地等人早几年就已有硕士授予权了，我至今尚无，合理吗？另外，就是所谓"梯队""班子"问题。但无"梯队"而已有授予权者大有人在，如江天骥即是，何必又于我特别苛求？何况我们现在已初步组成了一个"班子"。

啰里啰嗦写了这么多，我自己也觉讨厌了。就此收场罢。祝
安健

纲纪
五月十五日

又，陶曾为我的事给继愈先生写过一信。

23

纲纪兄：

从杭州赶回，是为了能为学位授权事说几句话（否则不拟参加），但到会后方知因高教系统要求授审的甚多，彼决定一律不再复查，除会议领导小组交下来复议者外。于是便堵死了。但得知周来祥在文艺理论组竟通过博士授予权后，颇感太不公平。在小组上还是说了几句，只是不能解决问题。和陶德麟也会下谈了。我态度相当坚决，准备有机会还要讲，并且对所谓"梯队不够"之原则开火。（陶说，高教会上主要是因"梯队不行"而否决，但也说当时美学方面没有人参加，情况不了解也可能有关系。）至于硕士授予权则由学校即可决定，这里只通过给学校的授予权。所以吾兄带硕士生，有

授予权，毫无问题（因武大早就有此权力），我看可即届招生。我感觉陶似甚软弱，不知何故？

不过，此等事项，依我经验，只能等闲视之，不必多萦心头。水平自有公论，我和蒋孔阳谈及兄水平远超周，尽管周出了好几大本，蒋颇同意。我在会上说，兄居全国屈指可数的前几名之列，肖前瞪着眼睛望着我，真真可笑。

稿（"宗""王"）均收到，杀青在望，快何如之。此书当为里程碑著作，当今后世会有定评。其他如春鸟秋虫，冷眼看其一时热闹可也。如何？匆匆，
握手

泽厚
五、廿一

关于新儒学，在《文汇报》一月已有一文澄清。①

24

泽厚兄：

来信悉。感谢你的关心。问题不能解决，在意料中。②我原想脱离教育界调他处工作，老婆不愿意。现在的初步想法是仍留武大，但辞去教授职务，只担任讲师。这样的好处是可以减去许多工作，免除许多纠缠，更有利于研究，也有利于身体。

正在写"齐梁文艺与美学"章，本周可完。自以为对齐梁的思想和文艺弄清楚了些，这样很有利于弄清《文心》等。此章一完，即全力投入写"《文心》"。这是大头，非把它弄好不可。余下的都容易了。

容再谈。盼多保重。

纲纪
六月三日

---

① 指李泽厚《关于儒家与"现代新儒家"》，《文汇报》1986年1月28日。

② 以下有删节。

25

泽厚兄：

兹另用挂号寄上"齐梁文艺与美学"章，其中对萧纲作了较高评价，你看妥否？齐梁宫廷涌入了不少商人和歌舞伎，此实为"宫体"产生之重要原因。弄清齐梁，对《文心》等即好解释了。已开始写"《文心》"。

我向这里一些人讲了辞去教授的想法，他们均以为不可行。①

暂时只能随他去。兄之劝慰使我感到安心。近日精神颇好，差堪告慰。握手！

弟 纲纪上
六月七日

又，时下一般以齐梁为礼玄双修，我意似为礼佛双修，以儒入佛，你看如何？

26

泽厚兄：

前信想已达览。"齐梁"章因欲再稍改，故推迟寄出了。目下在写"《文心》"，很发现了一些重要材料，为国内外研究者所未见（或者是视而不见）。此书或可经由我们而求得一较好之解释耶！日人及国内的一些研究文章均已浏览，颇惊异于水平之低。

陈鼓应来此讲学，行前突然见访，谈了一会。他对一卷评价甚高，认为乃中国人之光荣。此书之意义、价值，深信将为人们所逐渐认识。二卷当也不至令读者失望。祝

安健

弟 纲纪
六月十一日

---

① 以下有删节。

又，滕守尧的《描述》①，反映颇好。

27

纲纪兄：

两函均到。辞教授事大可不必（亦行不通），但作为抗议可解牢骚；一些事就得强硬些（不愿干的就不干）。此次会议之最后仪式（接见、照相之类）我不参加，人亦无奈我何。知识分子受欺侮，由来久矣，而且自己队伍中即如此。②

"齐梁"章甚赞同予萧纲（以及萧统）较高评价。对沈约恐亦应如此，在奠定中国诗律形式美方面，贡献不小，四声八病之类对作诗是的确重要的。二卷已超一卷，问世后影响当不小，一卷影响已开始扩及海外。匆匆，握手

泽厚
六、十四

28

泽厚兄：

十四日信收读，甚慰。深有"人生得一知己足矣"之感。

"《文心》"章已写完生平部分，有些考证问题本可弄清，唯手边无佛书典籍，无法查考，只好存而不论。但不论亦无关大体。

此章甚重要，共拟写十一节。有些大的方面的想法，现写出，你看看有些什么问题应注意的。

一、《文心》实欲在旧派与新派（唯美派）间折中，但实倾向于新派，这是其杰出处。

---

① 指滕守尧《审美心理描述》，中国社会科学出版社，1985年11月初版。
② 以下有删节。

二、《原道》之《易》，非王《易》，乃汉《易》，其"自然之道"亦《易》之"道"，非道家、玄学。《易》原出于荀。因之，刘之尊儒实近于荀学一派。自美学观之，属《乐记》一系。准此，《文心》之哲学实倾向于唯物论。它发展了荀子一派中的积极的东西。（"风骨"亦与此有关，实已不能等同魏晋风度所言之"风骨"矣。）《易》出于荀，郭已论之，仁兄《史论》①又加阐扬，很对。此乃了解《文心》之大关键也。

三、"情采"与"风骨"乃《文心》讨论之两个最为重要的问题。后者又超越前者，实刘之最大贡献所在。乃对先秦至魏晋之美学的重要概括与发展。而其根本仍在《易》中。

四、刘对佛与儒乃采取区别对待之法（此与沈约同，已于"生平"中论之），故《文心》无佛学可言，唯个别地方杂入佛语。刘之依佛门，乃实现其儒之理想的手段也。概言之，即由佛入仕。

五、玄学对刘之影响，在注意论辩智慧方面，此与"骨"的问题颇有关系。

鄙意以为将《文心》与荀学挂上钩，许多问题均可迎刃而解矣。荀学对后世文论之影响，无过于《文心》者也。（以《易》论文艺，晋宋多有。）晋末佛家亦讲《易》，着重在"感"，此亦影响于刘，然其根本思想非佛家。

匆匆，祝
安健！

弟 纲纪
六月十八日

又，"齐梁"章与"《文心》"章有牵扯，欲再改，稍后寄。对沈及三萧均有较高评价。

---

① 指李泽厚《中国古代思想史论》。

29

泽厚兄：

兹另由挂号寄上"齐梁"章。"《文心》"章颇有进展，与前信所说又有些不同，这章不知要拖多长，第四节未完，已达四万字矣。

告诉一个希望你听了不必生气的谣言，这里有人散布说我未获授予权乃你反对之故，我得知后大为恼火。此种胡说，大约意在挑拨我们的关系，和以此说明我之不行。小人们的心不知是怎么长的。近来常感自己有甚深的儒家的迂阔的思想，又感庄子"以天下为沉浊，不可与庄语"，实有至理也。

互道珍重，我们一定要同心协力，在中国思想界干它一番事业出来。让挑拨者们再费尽心机去继续玩他们的花样罢。

紧紧握手！

纲纪

六月廿五日，深夜

又，我对时下那种不择手段拼命争头衔的做法实在感到悲哀极了。此辈全不想想，重要的是学术上的成就。但我这想法，恰好又是儒家的迂阔之见。有时真的有世风日下之感。所谓"精神文明"，如何建立？当然，历史地看，这又是微不足道的现象，也是充斥着小私有者的中国在目前不可避免的。恐怕还要坏下去。

30

纲纪兄：

十八日函到。"《文心》"一章如此写法甚为赞同，当耳目一新，大快事也。荀学支配汉代儒学甚久，近人忽视或不识此历史真实，可怜可叹。荀、《易》（熊十力也看到了）关系本至明显，然今之学者亦以极口否认者偏多。吾兄似可再论说几句。

沈约评价应高，总结汉代文学之形式美非小事。

今日从内蒙回来，去了才四天。离开家总感不便，可见真垂垂老矣。

想武汉溽暑，挥汗作文，尚祈珍摄

泽厚

六、廿六

31

纲纪兄：

来信并"齐梁"章收读。对齐梁之肯定先获我心，此种历史眼光，他人少有。惟觉对沈约在汉文形式美发掘之具体分析绍介上嫌不足，但我于此素无研究，不敢妄加。反正现在这样，也是可以拿出去了。尽管可能会有一批人要骂，但那无妨的。

挑拨吾二人关系，所造谣言多有，我听后均付之一笑，所以多未相告。他们（其中也有我们认识的人）所嫉愤者无非对此《美学史》无可奈何故，既写不出，又攻不动，于是只好作人身射击了。种种现象，鲁迅早已揭穿。北京连日转阴，似尚凉爽，不知汉上如何？多请保重。

泽厚

七、三

大部分抄稿已交黄，催她尽早处理，争取早日发排。二卷出后，影响必大。

32

泽厚兄：

前函想已达。"齐梁"章前已寄出。兹另由挂号寄上"《文心》"的前五节。现正分析《原道》，其中牵涉到"太极"问题。我作了些考证，有这样一些想法：

（1）《易传》中之"太极"实即总括"三极"（三才）而又产生"三极"的东西（"极"之观念，大约直接源于荀子）。

（2）"太极"产生"两仪"（天地），由《易传》对天地之论述看，可推知"太极"实为包阴、阳之元气。《易传》罕言"气"，然"周流六虚"之类实即对"气"之形容也。

（3）汉人刘歆曰："太极，元气，函三而一。"此为对"太极"之真解也。千古罕见。

刘勰声称"《易》惟谈天"，他之从宇宙论解《易》已再明显不过。然时人均对此语视而不见。惟刘勰又取道家、玄学与《易》糅合之，不明中国哲学发展之真象者，解《原道》如捉迷藏。

以上对"太极"之解，有不妥处，盼告之。对《文心》，拟细释《原道》《神思》《风骨》《情采》四篇，兼及有关者。其他从美学看均属次要，略而不论矣。

北京想已热，望多保重。我尚好，不念。

握手！

纲纪

七月六日

33

纲纪兄：

"《文心》"收到。极忙，尚未及读。租房事已与张瑶均谈妥，以会议名义报账，张将具体告兄费用标准等等。承德有美学讲习班（7.24—7.31），青岛有中西文化比较讲习班（8.1—8.15），如兄有意，我可推荐，两处均可避暑，亦可写作，如何？望速告。兄讲一次即可，即以去年敦煌讲题增删，不必另作准备。

汉上想奇热，望多多保重。祝

好！

泽厚
七、十五

34

纲纪兄：

"《文心》"稿收到，尊作亦到。真皇皇巨著，装帧精美，且羡且贺。可惜吾兄不在北京，否则当开一小型庆祝酒会，酣饮一乐也。

京中一切如常。气氛略活跃而顾忌仍不少。《美学史》在美国亦已有人注意，均甚望二卷早日问世。已向黄说了，当尽早安排发稿。匆此，

握手

泽厚
七、十七

35

泽厚兄：

最近到神农架去了几天，昨日归后方读到十五日信。我想在湖北境内就

近找一地方去写，集中力量完成最后的四章。那两个讲习班均不想去了，外出费事费时费力。

"《文心》"恐将达到十几万字，此章一完，其他均好办。

我的一个集子终于出来了[①]，不足观，愧甚。当另用挂号寄呈。祝

安健

弟 纲纪

七月廿五日

又，闻北京陈、刘纷争甚烈，然自我辈视之，实无甚了不得的意义也。不知以为如何？

再，那个寄明信片给我的，我也不知其为何许人。

36

泽厚兄：

已回京否？

前已寄上我的那个集子。这书的出版，在我是悲哀多于高兴的。但愿以此书结束我的过去，终结"脱皮"的过程，而今而后，将在已找到的起点上，改弦更张。大约九月将出的《艺术哲学》，也有类似问题，这都是属于我的过去的书。有何见教，盼直言之。

已决定明日去湖北九宫山，约在八月底返回。另用挂号寄上"《文心》"的第六节，乞收。接下去还有释《神思》、释《风骨》、释《情采》、《文心》的历史地位等四节。

祝安健！

弟 纲纪

八月八日

[①] 指刘纲纪《美学与哲学》，湖北人民出版社，1986年5月初版。

湖北省美学学会
中华全国美学学会湖北省分会
All—China Aesthetics Association Hubei Branch

泽厚兄：

已回京否了。前已寄上批判那个集子。这里的出版社在难产悲哀多于高兴的此刻，但愿他能慎此而今而后，将在已卷到的起点上，认真主张，大约九月将云南的"生生哲学"也有类似问题，这都是属于难的也如此。

有机欠妥，够直言之。

已决定明日去湖北九宫山，约在八月底返回，分用挂号寄上一文给你第六节，它外，接下去还有释一风骨、释一特来、文心的也位等小节。

敬祝安健！

纲纪 八月八日

37

泽厚兄：

不知已回京否？听人说你又去了哈尔滨。

我到九宫山小住了一下，日前刚回。行前（十日）曾寄出"《文心》"稿第四、五两本，想已收。释《风骨》已完，自以为有些想法，希望你看了会高兴，几千年到如今，似乎没有人是刘勰的知音，也许我们是第一个。我原对他的评价偏低，现在看应升格。他实是先秦荀学一系美学的最重要的代表，但由于种种原因长期被冷落。可叹！

祝一切好！

纲纪

八月廿八日

38

纲纪兄：

大著及"《文心》"稿均先后收到，连日去外地，回来又忙杂务，均尚未拜读。"《文心》"拟全部收到后一气看完，其余四章想也快了。概观可简略一些，画一轮廓即可。分期问题似亦不必详加讨论，指出魏晋开始为一新时期，在根本上区别于两汉之处，即足够矣。大著虽篇幅不大，但以少许胜多许，质量第一，本系常规，周来祥兄著作甚多，而影响甚小，可见公论自在。弟几年来为思想史所拖累，所作不甚惬意（感枯燥甚），但望早日回到哲学美学上来。匆匆，

握手

泽厚

九、二

39

泽厚兄：

信悉。知已回京。

"《文心》"已完，即另用挂号寄呈，希查收，并盼多加斧削。已开始写"《诗品》"，连它在内，尚有四章，大约四天一章无问题。概观当如来示所说，从简，其实也正是全书精华的提要。来之不易也。

拙著《艺术哲学》终于出来了①，亦随此信另用挂号寄上精装一册，乞教正。此书写于1983年，现在自然又有些新的想法。祝

全家安好！

纲纪

九月七日

又，那个中西美学讨论集已出，书及稿费由出版社寄上。也收有聂振斌同志一文②，便中烦告知。

40

纲纪兄：

前后各章均收到，并读竟。"《文心》"章揭出荀、《易》线索乃一大发现，治该书专家亦当刮目相看。"谢赫"章谈"六法"句读颇是。"齐梁书法"略有收兵草草之感，惟吾兄辛苦如斯，亦不应再作苛求，甚望善自珍摄，今冬可大休息一番，如何？

《艺术哲学》亦稍翻读，黄德志亦极惊讶吾兄之写作速度，海内有此本领者，恐无多也。文不加点，倚马可待，均不足以形容吾兄制作巨著之快，而且内容甚好，说明清楚明白。匆匆，问

---

① 刘纲纪《艺术哲学》，湖北人民出版社，1986年9月初版。
② 指聂振斌《近世学者对中西美学艺术之比较评述》，见《中西美学艺术比较》，湖北人民出版社，1986年8月初版。

阖府康泰

　　　　　　　　　　　　　　　　　　　　　　泽厚
　　　　　　　　　　　　　　　　　　　　　　九月□日

　　突忆令媛数年前情景，近况如何，代问好。
　　台湾书评托黄德志寄上。书评本身无何可谈，意义在于扩大影响。

41

泽厚兄：

　　来示悉，感甚！拙著两本的出版，在我是悲哀多于高兴的。就算是对于过去三十年的告别，不论好坏都随它去了，只望今后能进入新的时期。目前中国思想界活跃是活跃了，但难见坚实而真有创见者。许多人大概不过是历史的深流所激起的泡沫而已。我是寄希望于仁兄，而且希望把哲学放在优先地位，它比美学重要得多。有人常问我，你怎么不亲自执笔写《美学史》。我总是回答说：他有比这更重要的任务。

　　"《诗品》"章已成，另由挂号寄上。钟嵘有比刘勰高明的地方，《诗品》实为《毛诗序》之后的划时代的著作。已在写"谢赫《画品》"章，尚有两节未成。这章就"六法"标点问题同钱锺书打官司，但以严可均为对象。因所谓新的标点法实出于严可均，而日人及钱均一语不说。

　　上次去九宫山，是与美协的画家一起去的。我也给他们写了字，画了画，临走结账，说以后再说，大约是不收了。

　　余下还有两章，都不难。但写起来总觉吃力，尾巴不易割。盖以精力处于强弩之末也。在仁兄督促下，不长时间积下七十万字左右，亦一快事也。

　　祝国庆全家愉快！

　　　　　　　　　　　　　　　　　　　　　　弟　纲纪
　　　　　　　　　　　　　　　　　　　　　　九月廿八日

　　又，徐复观标点法亦大误。几位大学者，还有日本名流对此问题都看不清，颇怪！此卷多有考证，让他们看看我辈的考证实有比他们高明之处。

42

纲纪兄：

"品藻"章收到。一周一章，诚神笔也，感奋之至。

拙作奉上。粗陋不堪，聊供一笑。

握手！

泽厚

十、二

43

纲纪兄：

"建安"稿刚到。"品藻"章已读完，觉得甚好，不需改动，只略在文字上（如最后几页）删了一点。已和黄德志敲定，明年初即发稿，争取年底出书，如何？魏晋六朝移作第二卷。此卷完后，想明年初开一小会，时间地点请兄考虑，如何？

拙作已挂号寄出，想快到了。望提些意见。

握手！

泽厚

十、九

44

泽厚兄：

来示悉。大作尚未收到，收后当细读，有所感，当写出，作一短评。

径直以魏晋为二卷也好。不必固定为五卷，有几卷算几卷，不断地写下去就是了。此书不论会遭到何种讥评、挑剔，自信其价值不会因之而被否定。有人会以为我们是徒托空言，任意而为，不知这是我们对中国文化、哲学、艺术长期感受、思考的结晶。真正说来，这书的写作的准备，应追溯到我辈的青少年时代，决非一时信笔挥就的。真正徒托空言的并非我辈，让那些以皓首穷经（其实是吓唬人的）自我标榜的人拿出他们的货色来比比就是了。自二卷起，我较注意考证，资料的排比，多用归纳法，少用演绎法。有的部分，如"六法"断句问题，还想作专门考证。总之，力求将宏观的把握与微观的考察相结合，在细密、周详、准确上下些功夫，看能否胜过日本人。我想可以胜过，标志是他们研究得很多的《文心》，我将合力慎重对待。此章或会达到八九万字。

正在写"玄学"章，基本想法与你的《漫述》[1]相同，但当更具体。我以为玄学与美学的联结点在对"无限"的追求，这也是玄学的精髓所在。此章周末可寄出。

明年开个会也好，大家玩玩，谈谈。前不久接朝闻同志信，让我去为他主持博士论文答辩，说是在十月之内举行。所以也许会至京一周的样子，但未定。

碰见德志同志，乞代致意。匆此即颂

安健

纲纪

十月十四日

又，前闻蔡编《论丛》由湖北出，我颇惊异，而且要发火了。后经人打听，知非湖北人民出，而是长江文艺出版社出，只出一期，并要求编者补贴一万五千元，编者只答应给五千元。尚未最后成交。我之所以想发火，盖因湖北非无东西可出，为何一定要拉蔡？站在湖北的立场亦不应如此，但好在了解了一下，未发火。

再，我编的《述林》拟续出，年底编成交出，尚望吾兄以实际行动支持为盼。黄原写评汝信《美学史》文[2]，拟编入。

---

[1] 指李泽厚《漫述庄禅》，《中国社会科学》1985 年第 1 期。
[2] 指黄德志《评汝信〈西方美学史论丛〉及其〈续编〉》，此文后刊于《河北大学学报（哲学社会科学版）》1989 年第 1 期。

45

泽厚兄：

　　概观章已成，即由挂号寄上。为避免与以后各章重复，写得简括，但不知基本的精神已出来否。你对魏晋有甚深的研究，盼多加改削。

　　全书共二十章，如分为上、下册出版，一至十三章可作上册，此即魏晋部分，其余为南北朝部分。另附上一目录备览。上册如在明年初可出就好了。或仍合为一册出，由你决定。一卷题为我们主编，这次无他人参加写过，可否去掉主编字样，换为著？或者考虑到以后各卷可物色适当人选参加写某些部分，则仍题主编亦可。究竟如何为好，由你定，我无意见。

　　一卷这里要求拿去参加湖北社联的评奖，我本不想参加，一些同志则建议参加。现在湖北省美学会可供考虑参加评选的著作（八六之前的）就只我们这一部，另外就是彭立勋的《美感心理研究》[①]（这书很平常，远不及滕著，但在湖北却比其他的稍好。青年人只有一些单篇文章，分量不够，评上的可能很少）。但我们的著作，又属国家重点，放到湖北评是否妥当，我亦觉拿不定。如你以为不须参加，我即告他们撤除。如评而非一等奖，亦撤除，盼示。

　　二卷完后，因痛感我对西学所知甚少，想结合讲课研究一下西方的东西，提高一下外语水平。你对我今后的研究应注意些什么，盼告。

　　十一月扬州会你去吗？

　　空再谈，

握手

弟　纲纪
十月廿二日

　　又，原想在书后附一《魏晋南北朝美学年表》，但编起来颇烦琐，身体不济，气力不佳，暂作罢论，以待他日。

[①] 彭立勋《美感心理研究》，湖南人民出版社，1985年12月初版。

湖北省美学学会
中华全国美学学会湖北省分会
AII—China Aesthetics Association
Hubei Branch

泽厚兄：

概观章已成，即由挂号寄上。多难免与以后各章重复，写得简挂，但不致失去本书的精神。已言未尽，你对观点有甚值得研究，加以修改，全书共三十三章，如分为上、下册二版，上册二十三章可作上册，此即魏晋部分，其余为南北朝部分，另附上一目录备览。上册如在明年初可寄出就好了。我仍负责一册，由你决定。另一册，可否考虑找他人参加写，这样，换为著。或者考虑到以后各卷子物色适当人选参加写某些部分。刘纲纪也主编亦

一九八六年十月廿二日刘纲纪致李泽厚（一）

湖北省美学学会
中华全国美学学会湖北省分会
AII—China Aesthetics Association
Hubei Branch

可。究竟如何为好，由你定，我无意见。

一是这里要求拿去参加湖北社联的评奖，我本不想参加，一些同志劝我参加。现在湖北省美学学会已筹备好，他们说拿"美学"供考虑参加评奖的著作，我写了这一部，另外就是彭富春心得研究（这是去征求本学生意见及腾蓉、他去湖北却也是他的稿好。青年人心，他一些已成先生章，八争笔不够，评上的可能性很少了。他我们的著作属国家重点，致到湖北评奖不合适当，又我不觉拿去评。如你认为不便参加，我写信他们撤销，亦撤销。他们撤销。哈示。

一九八六年十月廿二日刘纲纪致李泽厚（二）

湖北省美学学会
中华全国美学学会湖北省分会
All—China Aesthetics Association
　　Hubei　　Branch

二卷已完后，因痛感到我对西学所知甚少，想结合讲课研究一下西方的东西，提高一下外语水平。你对我今后的研究究竟有些什么忠告，盼告。十二月扬州会你去吗？容再谈。

握手

泽厚

纲纪 十月廿二日

又，系想在春后附一批晋南北朝美学史年表，但编起来颇頗琐碎，身体不好，气力不佳，暂作罢罢，以待他日。

一九八六年十月廿二日刘纲纪致李泽厚（三）

46

泽厚兄：

兹由挂号寄上"《画品》"章及"齐梁书论"章。全书概观章正在写，不日可寄上。此章一完，全书即竣事矣！

在电视上看到了你，觉精神颇佳，家人均感高兴。余后谈，
握手

弟 纲纪
十月廿五日

47

纲纪兄：

目录收到，似需以详细之章节目录，以与第一卷一致。"主编"或"著"在考虑中，还得照顾各方面的意见。评奖事如不能有把握获头奖，决不参加。即使能获头奖，似亦不必参加，因此系国家重点项目，应在全国范围内评。如何？请酌定。（总之，我主张不参加，由兄最后决定。）

托黄寄台湾评论想收到，文中提及不要中华文化优越感，颇以为然。吾兄《艺术哲学》序中对 Croce 等人之评论似亦不必，徒授人口实。狂憨直言，不知以为然否。

杭州会不拟去。匆匆，
握手

泽厚
十、廿五

48

泽厚兄：

来示悉。

评奖事，因考虑到不参加则湖北评奖中美学方面就只有彭著《美感心理研究》一书了（此为蔡主编的"美学丛书"中的一本），这样似不太好（一些同志也有此感）。所以，我看还是参加（这不妨害将来全国再评），但如非一等奖则撤出（估计不致如此）。

那书评已读。我看作者是有见地的，能感受到此书的好处所在。"华夏优越感"问题确应注意。但我们这书写作时间较早，当时欲破"左"，对优点说得多，不足处虽也点出，但强调不够。此后要注意。

《艺术哲学》序因一时愤激于人们过于崇拜西人，不禁形诸笔端。既已写出，印出，只好随它去了。不过，我想将来争取拿出更像样一点的东西，以证明我并非在这序中吹牛。此书命运或不会太好，但我倒是有点偏爱它。或有识者会领会出其中的一些意思的。

二卷各章细目因未留底，只好烦德志同志从原稿录出了。我想二卷将会引起日本人的注意。我们的一些考证性的东西，我觉得可能比他们高明一点。再谈！祝好！

弟　纲纪
十月廿九日

49

泽厚兄：

刘与你"对话"的文章已见。有可爱处，但较幼稚，哲学根底差。此文在此也发生了某种反响，但在理论上并不被肯定。最近我在一次会上讲了一些想法，似乎还能为与会的青年们所接受，不致形成"倒戈"之势的。目前的问题在于对青年们关心的问题给以一种较合理的、有说服力的解决，中心无非是非理性的问题。尼采看来要热一阵。中国当代的青年们如不把西方现代的思想一一反刍一下，是不能真正最终形成他们自己的思想的。我们自然要与他们一起前进。无论如何，他们终究代表着中国的未来。上面说的那个会颇有意思，开始似乎要"倒戈"向我，后来却又觉得我究竟还是同他们一伙的，而且想得比他们深一点。

我将于廿三日去广州开一个会，廿九日回汉。明年二月下旬去京开另一会，都是教委的会。

时届岁暮，颇增怀想。即祝
全家新年大吉、愉快！

弟 纲纪
十二、十八

一九八七年　15通

1

纲纪兄：

　　前后信收到，承关注，很感谢。[①]我一切如常，以不变应万变。前月如刘某某之流，只堪付诸一笑，绝不因其蛊惑青年（当时一片叫好声）即为所动。如今更可闭门读书。

　　二卷已催黄月底发排，此书超然物外，不会受任何影响。北京天雪，银装世界，可惜未能与兄共饮畅叙也。何日来京，请告。匆匆，祝
全家福

泽厚
一、十

2

纲纪兄：

　　我们全家三人已于春节前后来新加坡。合同签订为十五个月。此次机票突然送来（我最后出走亦较匆忙），成行匆促，许多地方未及面辞或通知。年前出版的小书《走我自己的路》，也未及寄兄一册，容后再补吧。（或将请黄德志寄。）

　　《美学史》二卷将按原计划发稿不误，兄可放心。

[①]　以下有删节。

此地待遇甚好（薪资较高），生活不坏，唯潮热甚，四季均夏，着汗衫短裤，但有海风，绿草满地，大好休息读书之地。我在此拟完全销声匿迹。吾兄如有意，想以后推荐为八九年候选人（八八年已定），如何？

匆匆，祝

全家安好

泽厚
二、二

3

纲纪兄：

两函收悉。《路》①承兄谬奖，愧不该当。尚望不客气地予以批评，如最后三篇均属中国美学史，不知吾兄印象、意见如何？一些小文则信笔写来，多属应酬，似不值一谈者。西体问题，为世诟病，近在《孔子研究》（87.1）有一长文②，请兄找到后多提意见。

三卷吾兄能着手写作，佳甚。我怕吾兄操劳过度，一直不敢贸然提出，今吾兄有意开始，实喜不自胜。闻兄对二卷后记及定稿略有意见，望能他日见面细谈。整个工作主要由吾兄承担，我不过伴食宰相，拟以后著文时说明此事，决不敢掠吾兄之功绩也。此书在《中国美学史》上有开天辟地之地位，无可疑也，如能全部早日竣工，当大好事。唯工程量极艰巨，尤其明清两代，如不细写，将令士林失望。

我在此如常，略感郁郁，虽全家在此，故土之思油然，年岁日增，心理老化，亦可悲也。每夜均喝酒。因气候终日如此，虽有冷气，竟日仍昏昏然，不思做事。热带人多懒散易困，盖有以也。

吾兄来此事，当不断留意争取，这两年看来竞争激烈，中国哲学史界想来此者甚多，均托杜维明等人在进行，此间尚需平衡台、港人士，等等。但

---

① 指李泽厚《走我自己的路》，生活·读书·新知三联书店，1986年12月初版。
② 指李泽厚《漫说"西体中用"》，《孔子研究》1987年第1期。

我当为兄设法来此或去日本一段时间努力。日本、德国均曾数度约我，我未应允，只要国内政策不大变，机会以后将日增多，我将尽力促成之，吾兄当年可惜未能留在北京，否则一切方便多矣。弟之交际逊于吾兄，数度出国均系对方指明约请，否则也少有份。官僚们（也包括学术官僚）则成群结队，到处漫游，亦可笑也。

弟之著作闻台湾亦好销，《历程》《近代》《古代》三书均有翻印本，《批判》亦为人称道，可能其中马克思太多，不好翻印，亦有人认为该书价值在《美学》之上者。但年将耳顺，作为仅如此，可叹之至。吾兄少弟数岁，尚望多加珍摄，大干一番，年轻一代固有才华，唯亦有缺陷，但望五年内有卓尔者出，则吾辈可封笔养天年矣。匆此，

祝好

泽厚
三、廿八

4

泽厚兄：

信悉，甚慰。唯闻在彼颇郁郁，又常饮酒，甚感不安，希善自珍摄为祷。兄之成就颇巨（他日当为文详论之），足以自慰、自悦，勿需烦恼也。

三卷如当着手写。二月在京与黄所说，乃一时戏言，非有它意。此书自当由我一贯到底，兄则腾出时间以研究其他更为重要的问题。某种有重要启发性的观点的提出，实比史的叙述重要得多。为中国学术计，深望吾兄致力于更带指导性的种种问题的研究。

出国事，我一向看得很轻。能出去固好，不行也就拉倒。我想重要的是自己能研究出东西来。且我自知外语差，又不善应对，故有时视出国如畏途也。

《文艺报》上答记者问已阅，觉得很好！已见有人引用、肯定。我上月在武大与学生讲演（听者极热烈），亦曾谈及此问题。中国对个体之忽视由

来久矣，然问题之解决并非与理性不能相容。刘等人之非理性，浅薄至极，恐作尼采之徒孙亦不够格。这是尼采在中国的滑稽化、漫画化。鲁迅所谓"扯淡"是也。当然，他尚是青年，我辈自需宽厚视之。

拙著《艺术哲学》据报载为王府井畅销书，殊出意外。《人民日报》要我谈谈，写了一短文[①]，卑之无甚高论，还是讲实践，已登出。鄙意以为自马克思之后，大病在忽视实践。就美学言，普列汉诺夫与卢卡奇均不免此病。卢在西方名声甚高，然我以为烦琐哲学甚多，真有价值的见解甚少。如将兄与之相比，我觉并不逊色。我曾在一文中言及中国解放后美学讨论之最大成就，乃在把实践提到了最重要的位置。这是我们比苏联高明之处。此点在理论上的意义，将逐渐为人们所认识，可否说我等恢复了马克思主义实践观在美学以至哲学中的地位？

容再谈。祝安健，问候嫂夫人。

纲纪

四月五日

再，国内形势稳定。学术界虽显沉寂，但当是暂时耳。前一段所谓"活跃"，有应肯定处，但似亦有假象，让各种显然荒谬的东西到处泛滥，是一个问题。

5

纲纪兄：

信到。承关注，甚谢。游子心绪，抑郁情怀，唯借酒消磨而已。全家在此，亦仍怀乡，可见"人是社会关系之总和"在情感上讲颇为中肯。去冬谬论（以刘某某为代表）风行，终丁惹起风浪，造成目前局面，亦可叹也。刘之论说诚如来信所云，全系胡扯，居然洛阳纸贵（据云有人复制该文高价出售），亦可恶也。吾兄宅心仁厚，予以宽容，弟则深恶痛绝，倒不是因为他

[①] 指刘纲纪《实践、反映、艺术——关于文艺反映生活的复杂性》，《人民日报》1987年4月1日。

骂了我（这无所谓），而以其无耻兼无聊也。否则亦不会答记者问。

《美学史》三卷，弟意似仍如二卷，以哲学思想、文艺思潮为基底论说。因之，如何处理有唐一代之佛学，为一大难题，如何处理初唐文艺思潮、古文运动、晚唐风尚，为另一问题。否则，如仅论人论书，与坊间文艺批评史无史的深度，难区别矣。如在哲学—文艺思潮上讲，李、杜、王、白（元、白在晚唐颇有势力，似应有一席地位，当然不能如过去那样高估），当更深入，而与二卷风格衔接。如何？至于哲学，弟感仍是儒家主流，吸取道（如李白）、释（如王维）。王通"文中子"，前人不重视，我也未细读，闻近人有论者，不知如何？总之，三教合流，以儒为主，在初唐似即明显。当然亦有争斗，如上朝廷排先后、《广弘明集》之论争，等等。陈寅恪、王仲荦诸书，不知吾兄观感如何？有关唐代哲学史思想史之研究一向极平弱极贫乏，不知我们能于此有所突破否？此书已开始打响，人们希望一卷胜过一卷，乃必然心理。

出国事弟将在最近数年内一定为吾兄促成，或去美、日，或来此地，均可。唯此地戒烟甚严，想成为无烟之国（剧场、影院抽烟罚五百元，等等），不知兄能耐否？如能就此戒掉，倒一大佳事。但不禁酒，高税而已。所以弟仍大喝。盼常来信。

此地仅能看到一个月前之《人民》《光明》，看来国内形势平稳，惟学界不知如何？八月底可回京参加曲阜会议。匆匆，
握手

泽厚

四、十

6

纲纪兄：

盼望中获来信，极高兴。二卷抄稿错字极多，以后似可以原稿付排，更省时日。三卷不知兄拟何日完成，估计二卷问世后，影响当甚大，因此段从

未有人如此细致分析过。三卷似仍以细为好,"宏观气势"不甚重要。(台湾翻印书登报事,无此必要,置之不理为好。该书已给黄德志,吾兄看到否?纸张甚好。)

赴京是哪位令嫒?记得上大学的那位,现在快毕业了吧。时日如驶,近日总感老境渐临,心意萧索,生活甚好而愈怠惰。下月拟回京一行,半月即回。(参加天津徐恒醇主办之一会,去年曾应允,不拟食言,亦可平息国内对我一些谣言。)

新、旧两派近况不甚了然,弟仍顽固如昔,不管左攻右打,均一笑置之,历史将自有公论也。匆此不一,祝

阖府康泰

泽厚

五、廿六

又,弟素不作长书,望兄谅之,暇日仍望来信畅谈情况、观感,等等,可解乡思。

7

纲纪兄:

获长书喜甚。我于六月初回京津共十一天。知形势转好。此次知识界一般表现均佳,抵制"左"倾颇力,亦见众不可侮也。新派人物亦诚如兄所言,于马克思了解过少,是以持论肤浅。今年一月曾在京一座谈会戏言:我之方针,乃以不变应万变,在夹攻中求生存。虽戏言亦写实也。《美学史》三卷想已着笔,弟意仍以细写为佳。一、二卷均保存不少原始资料,以后各卷似可按此办理。较之哲学史,美学资料远为分散,集中一处,亦一功德。京中议论,无奇不有,嫉恨吾人者亦大有人在。但无论挑拨诽谤,我均一笑置之。人间行路难,古今同慨,亦无足怪。匆匆

泽厚

六、十九

8

纲纪兄：

墨宝并先后惠书均拜领。甚感。鲁迅有云："人生得一知己足矣，斯世当以同怀视之。"惜弟少不习字，不敢执笔，否则当书此作为回赠，盖写实也。吾兄再次来信道及有意评论拙作，实不胜荣幸铭感之至。虽近年略有长文小书论及弟者，均一片好意，但言中者少。我亦置之未理，有的甚至至今未看。如吾兄写来，当大不一样。

我于八月十八日飞香港，估计廿八日左右返京，廿九日赴曲阜开会至五日，估计五日夜将回京，十日返新加坡（此机票已订座，不再改），所以九月六—九日或可抽出一点时间，既是吾兄组织主持，敢不从命。如乃他人计划，即请吾兄婉谢。

《现代思想史论》现搁置，但愿情势日渐和缓，争取今冬问世，仍请保密无泄。吾兄乔迁之喜，何日举行，想比原来住处又大有改善，可贺。此间一切如常，日渐习惯，但乡思固仍如旧也。盼常来信。

祝

阖府康乐！

泽厚

七月十一日

最近始知台湾已有弟作《批判》《文选》《历程》《古代》《近代》等书统统盗印，据云销路不错。足见心同此理，比之食古、洋不化者（陆、台湾甚多）并不逊色。

9

泽厚兄：

来信收到，很高兴！对你的思想史研究的成果加以一种综合的评述，我感到是一件颇有意义的事。自"五四"以来，有种种研究，但我以为只有到了仁兄，才称得上是作出了一种既是马克思主义的，同时又把握了中国思想文化的实际及其在现代的地位的研究。这实在是有关中国现代之命运的大问题。文人历来是最无用的（近阅蒋子龙的一篇小说，也对此大发感慨），但如果他把握住了时代的根本问题，那么他就会有自己的，甚至是政治家所不能代替的作用。当然，这样的人是极少的。我最近在读卢卡奇的《审美特性》，越读越觉得他虽然名气很大，但斗胆地说一句，我辈在基本点上比他高明。看来，他一方面深受黑格尔主义的影响，但却无黑格尔的巨大深度。想当然和卖弄玄虚①

也许他日看来颇有价值。实际主其事者是上次你光临寒舍时所碰到的那位青年（易中天）。我已告诉他，要尽量少占你的时间和精力。届时由他和你联系。

你想写字，这很好。其实不须多少练习，只要熟悉一下毛笔和宣纸的性能，以仁兄的天资，随手写出就会有味的。什么时候给我写一张。鲁迅、毛泽东、郭沫若，我看都并未练过多少字，主要是凭才气。相反，不少白头还在临池者，却写不出好作品来。王羲之曾自言他的功夫不如张芝，但王还是高于张。中国书法将渐渐成为国际性的艺术。日人似走在我们前面，但这个民族太小气，在境界上终将抵不过我们中国人。

容再谈。问候嫂夫人，并祝

安健

弟 纲纪

八月五日，夜

又，黄来信说你要求八月见到二卷，她说如此则还需付六百元加班费，只能从稿费中扣。我已去信给她，建议从我们的科研基金中支付。如不行，就扣好了，没有什么关系。我也希望早见到书。

----

① 以下原件有缺页。

10

纲纪兄:

七月曾上一函,想早达览。我于八月十八日离新赴港,今日由港返京,已定九月十二日或十日返新。卅日至五日在曲阜开会(孔子讨论会),六日返京。若有何急事,可直接电讯联系。匆此不一,祝好。

二卷样书即出。

泽厚

八、廿七

11

泽厚兄:

闻早回新,想旅途、交际等甚劳顿,宜多休息。《现代史论》已出否?希能寄我一册。《美学史》二卷我已看到,材料之丰富,论述之详细,创见之迭出,自以为虽非绝后,亦可云空前矣。惜此卷错字甚多,乃编辑水平太低及印刷者不认真所致,弟实颇已尽力矣!一卷我曾校两次,情况较好,此卷则只校了一次,盖年纪渐大而精力不足故也。

《美学史》之作,实为学界之一大事。现已出两卷,余下尚有五卷(隋唐、宋元、明清、近代、现代)。我仍决意干到底。亦曾有委之他人之想,然总觉难于放心,且将慢而不快,又或会产生人事上的摩擦之类无聊事,决计还是自己干。此事对我而言,实较写其他东西为易。只要没有太多干扰,半年一卷足矣。然兄之名声甚大,我所作虽竭尽心力,颇有创获,论者亦将归之于兄。偶见台湾一杂志谈及此书,即不提我的名字,意或以为我不过执笔而已耳!有时颇令人有落寞之感。然为中国学术及与吾兄之友谊,余非所计也。

前言拟将吾兄之《古》《近》《现》三书贯通作一评述(拟写成一书),想或在 89 年为之。此事甚重要,实即对中国之思想文化作一全盘之检讨。

近几年一直在弥补我对西学了解之不足，似有所得。二十世纪之思想，确有开新生面之处。如维特根斯坦，堪称杰出学者矣。我现对语言哲学颇有兴趣。我觉语言之研究，实为揭开许多秘密的关键所在。马克思对此注意不够。

容再谈，即颂
全家安乐

纲纪
九月三十日

12

纲纪兄：

知兄有乔迁之喜，却不敢写信，因怕丢失，此次信寄系里，并望告知新地址。前后来信均收到，《现代》一书早嘱人民出版社寄兄[①]，不知何故拖拉，当再催问。《美学史》二卷皇皇巨制，实兄成绩，我当不断公开声明（包括在台湾）此事，决不敢贪兄之功。我拟向出版社提出此事，并说明前二卷亦兄著作，三卷及以后或只用兄名亦可。将来全书大功告成，亦为兄之名作，我绝不欲分羹，免愧对天下也。容可任此书之咎（最近一期美国《知识分子》之批我"保守"，根据之一即《美学史》首卷），亦或有倡导组织之功，如此而已。如我在《现代史论》中所云，我并不想作不朽之人，立不朽之功德，只要写书于今日之人有益，即于愿已足矣。鲁迅楷模，仍为弟所顶礼。

二卷曾因黄德志之力荐，杨生煦生想参加佛学部分之撰写，我未置可否，但云须得兄同意方可，并由黄当面征求尊意，黄来信云兄已许可，从兄此信看，似未必然，总之，仍由兄定夺。出版社嫌二卷太长，三、四卷希

[①] 李泽厚《中国现代思想史论》，东方出版社，1987年6月初版。按，东方出版社时为人民出版社副牌。

短，我已复信痛斥之。原则一点不变，仍以长、细为好。吾兄可放手大写，其他不必管它，由我来对付，可也。错字实大问题，今贵校美学研究所既成立，能否以后由贵所找人代为仔细校对、抄写，由社科院哲学所负责报酬，而不再找出版社抄、校（抄、校最好分开，校者最好由可靠、能干之学生、研究生或老人担任），如何？

兄前书提及习字，弟想六十岁后似方能有此机会，届时当拜兄为师，从握管执笔学起。余容后续，望收此信即复一函，以免挂念丢失。匆匆，握手

泽厚

十、十一

虽然竞争甚剧，弟仍想向此间推介吾兄，请兄寄一履历表来。

13

泽厚兄：

近日前往南通，参加高校美学研究会及审美教育研究会召开的会。因多年来极少外出开会，借此见见美学界同仁，并带研究生出去走走。昨日方回，才得读赐书。这会蒋、马去了，聂原说去，卒未去。我在会上作了"美学理论需要更新"的发言，与会者似颇为同意，有称之为此会的"主题歌"者，还是我们这一派能得人心。叶在会上搞了一点小动作，可笑，不需谈了。此会上还得知关于吾兄之一谣言，称你因意外事故亡故了。我听后大惊愕，用心可恨。此乃张涵（河南的）告我，但不知谣从何出。宜多注意。（但千万不要为此生气、激动，至要。）

《现代》我于书店中购了一册，并浏览一过，深感痛快，当今无人能及。唯似未论及陈伯达，弟以为此人颇有典型性。不过在历史的大潮流中，亦不足道，忽略不计亦可。三书之总评，当认真为之。港台以及国外之评论，如能搜集一些寄我一阅更佳，这样可针对需反驳者适当加以评论。书名或可拟为《对中国思想文化的哲学反思》，副题《李泽厚思想史研究

述评》。

《美学史》如无吾兄之鼓励、推动、启发，我亦难于一下写得这么快、这么多。有人据一卷说你"保守"，咎应在我。但论者似不想顾及此书写作及出版时间。在当时言，不算"保守"。且此辈所谓"保守"也者，意乃未从根本上抛掉马克思主义。只要吾人在根本上不离马克思，则"保守"之名终将不能去矣！我对马克思主义在当代之发展持乐观态度。只要吾人能深研西方之思想而批判之、改造之，则今后两世纪内不愁马克思主义没有世界性之大影响。在一定意义上，我觉得应致力于新马克思主义之建树。此任务，或将由中国人担当。（《现代》一书及《批判》实已可见端倪矣。）

兄言三卷起不署名，我在情感上觉得难受。此书如由你来写，会比现在更好的。但我常想你致力于研究一些事关全局的根本性问题，当会比写这样一部书更有意义，所以即由我揽下了。我好美学，但常觉它无大用。以兄而言，思想史研究之意义实超过美学。目前中国虽有"美学热"，但根本问题不在美学。如哲学上无重大突破，此"热"恐不能长久。即令"热"亦无太大意义矣！我对兄，亦先以哲学家视之，然后才是美学家。非哲学家之美学家，有何真正的美学可言？

又扯开去了，所言署名问题如何处理为好，全由兄筹决可也。总需有一好办法，有人常据此书议论你，或否定我，是一令人厌恶之事。关于杨的参加，与黄谈时确应允过，但后来又顾及或会妨碍进度，两人不在一地，亦难磋商，故改变主意。乞谅之。校对事，以后即由我这里负全责，出版社只需对付印稿负责即可，这样可省去看校样。下次需基本消灭错字，力争无错字。

去新加坡事，承关照，甚感！我常自觉外语不佳，又不善交际，有时视出国如畏途。对外国人，或因我颇多民族狭隘性，常有傲态，不能相处得好。我于外国学者，实不很敬仰。近来读他们的著作越多，越有此感。中国固落后，然未来不可限量也。我很赞成《现代》之后记，吾人当为未来努力铺路，以尽我们这一代的责任。我从那后记中强烈地感受着你炽热的心，确与鲁迅当年神魂相通。

兄之书法，近于明人（如祝枝山、张瑞图）。以兄之胸襟修养，稍事操习，便可写出韵味来的。年纪渐大，此亦陶情养性之一方。中国至先秦后，音乐不发达，看来似以书法代替了音乐。

余再谈，盼多珍摄。即祝

全家安乐！

附上简历一份。

弟 纲纪
八七、十一、二

14

纲纪兄：

长书收悉，非常高兴。我已去信出版社黄，希望自三卷起，我即退出，第一、二卷重印时，亦将我名去掉。但尚未收到回信。总之，此书乃兄著作，我不能掠兄之美，以贻笑后世。台湾此书已有四种版本，惟甚有改动，兄所见者为改动较少者。我正与台出版商商量（已通数次电话）版税问题，如能弄到，《美学史》部分当仍属兄所有。惟交涉并不易之耳。得委托第三者（即此地人士）作各种法律签署，等等，而且还难得有保证。商人嗜利，吾人数十年已甚不习惯于此矣。

十三大开后，形势看来不错，不知学术文化界及两湖地区又有何新气象否？匆此不一，祝

阖宅清吉

泽厚
十一、十五

纲纪：

来收悉，极为高兴。我已去信告陈社。

望自己去与他们联系，并一再叮咛，务将我名去掉。但迄未收到回信。念此凡兄等作，我不便挂名之至。《批判哲学的批判》一书乃兄等你校我写，已而兄看过动校的书。我之不署名的种版本，惟此本因是自选经稿，尚堂署校。

问题，如仍不得利，是否更前作者仍保兄所有。

乎。得暂托第三者（即此此人之作者附作者此细签署等等，也是难得有借记。前人嘱利，吾入教平也不想擅作此举。

十二天开后，到房初事还不错，不知春夏节及西湖此区又复怎么

风味，安此，祝

秋安

泽厚 十一·十五

一九八七年十一月十五日李泽厚致刘纲纪

15

泽厚兄：

最近刚从你的故乡（我应邀去湘潭大学讲）回来，即收到来信，甚喜！"文革"中我曾去过一次湖南，以后从未去过。此次停留时间较长，登了南岳，途中访白石老人故居。我觉湘人确大有特点，一聪敏，二热情，三颇富反抗性（个性鲜明）。古之楚人之特性，在湖南似较在湖北保留得更多。湘女似亦有他处所不可及之特殊魅力。兄为湘中大才，不知以弟所言为然否？过长沙，湖南出版社总编曾来访，但我看他们实倚重蔡，于我等或不过应付耳。

关于《中国美学史》，兄所言令我感动，又觉不安。无你对我之鼓励推动，以及你对中国思想文化所提出的重要看法，此书是不能如此之快地问世和引人注目的。

十三大开得很成功，我看确有划时代意义。兄之《现代》一书，未出前我亦甚有焦虑，然自今日观之，实颇合拍。识者自可明了，而反对者亦不能逞其狂言矣！目下文化界气氛颇好，然以弟观之，前一段新派在冲破"左"的束缚中虽有贡献，而多患幼稚病，坚实者甚少。现在再一味地冲，作激烈状，发空论，实已无多少看客与听众矣！所以，我估计须有一段时间的"反思"，冷一冷，以期更成熟，或出现较坚实的新人。回顾九年来，我们实是站在较正确的基点上。（当然，我是较保守、灰色的，不及仁兄多矣。）整个形势要求深入地思考，作一些建设性的工作，大约前此的浮躁和自发的骚动，或将告一段落。

在那边的日常生活、起居如何？切盼保重。祝全家安好，愉快！

           弟　纲纪

           十二月六日，夜

再及：我的大儿媳妇于上月廿七日产一男孩，颇可爱。我当上了爷爷。台湾版税事全赖吾兄之力争了，不能太便宜了他们。

临发又及：昨日在这里会见了 H. G. Blocker，此人不错。滕所译的他的那本书①颇有价值。虽然不够深,但有益,不发空论。我把我们的二卷送给了他。

十二月九日

---

① 指滕守尧译,〔美〕H. G. 布洛克著《美学新解——现代艺术哲学》,辽宁人民出版社,1987年8月初版。刘纲纪有书评《评H. G. 布洛克〈美学新解〉——兼论艺术的自律问题》,《江汉论坛》1988年第3期。

一九八八年　8通

1

纲纪兄：

两信收到，很高兴。《中国美学史》第一卷台湾有四种盗印本，其中一家（即谷风）在与我联系，希望出第二卷。此家出版社盗印了我的几乎全部著作，但只同意共付"象征性版税"约二千美元（其实应付五万美元以上），我原不拟接受，但此处研究所人均劝说，如不接受，他们也仍照样盗印，也并无办法。此事七月即开始进行，当时台湾当局尚未开放书禁，不久书禁一开，各种出版社均来探询。但迄至现在，尚未弄妥。大概《历程》已无问题，版税10%，但因过去盗印过多（据云已十几版），这次只能印一千册，所以，版税甚少，也尚未寄来。二卷因太专门，也只先印一千册。错字问题，请兄尽速寄"勘误表"来，以转寄台。我想，主要是为了发生影响，并不在乎金钱。二卷当使台湾学界有所震动才好。据云我在台湾已成为目前某种"热门"人物，《文星》杂志以我作封面，清华等八个大学和许多人希望我去讲课，等等。台湾当局当然不会允许，寄上一文，看来是反映当局意向的：怕大陆学术过于影响了台湾。

我估计十月归来，三、四月间或可返京一行。

匆匆，

握手

泽厚

一、十

2

泽厚兄：

春节已过（我一向不太喜欢此节），三卷开笔。重阅《历程》之有关部分，再次叹服吾兄观察之锐敏深刻，"五四"以来，无一人能比！兄之思想实已有超过鲁、郭处。每思及此，甚感快慰！

弟则颇庸碌，时觉尚未能彻底实现从传统及"左"的观念中脱出之蜕变。故所见常拘窒，虽与环境不无关系，然终应求之自我。近日常思此，意欲有所更始。弟所作《艺术哲学》一出，即感对过去划了一个句号。今后当更有长进方可。

三卷章目，记得过去曾呈阅。今又有所改变。现附上，望阅后告我应注意之处。唐代思想大势，过去研究太差。我正考虑中，容后告。

闻兄当选为人大代表，喜甚！亦应入政协，此理所当然也。

容再谈。祝

全家安好

弟 纲纪

二月廿五日，夜

3

纲纪兄：

我已回京，四月上旬返新。临行前获来书，承兄多奖，深自感愧。唯高山流水，知音难得。弟一生遭人抨击、排斥、谤诽，政治、学术、生活各方面均如此。虽有不少青年亦惠我以青睐，但未必言之中肯，且有买椟还珠者。是以得慧眼巨识如兄，实极为欣慰。顷翻到《文艺研究》论兄美学思想文[①]，亦甚佳（如言兄甚重黑格尔等），惟尚未细读，无由把握，怅怅，但愿

[①] 指张玉能《马克思主义美学研究新成果：简论刘纲纪实践观美学思想》，《文艺研究》1987年第5期。

今冬能聚首详叙。此祝

珍重

$\qquad\qquad\qquad\qquad\qquad\qquad\qquad\qquad$ 泽厚

$\qquad\qquad\qquad\qquad\qquad\qquad\qquad\qquad$ 三、十五

4[①]

泽厚兄：

前函达否？今天想了一下三卷章目，如下：

（1）隋唐美学概观

（2）隋至唐初美学

（3）陈子昂的美学思想

（4）李白、杜甫的美学思想

（5）王维的美学思想

（6）张璪的画论

（7）皎然的诗论

（8）韩愈及其弟子的美学思想

（9）张彦远的《历代名画记》

（10）张怀瓘的书论

（11）朱景玄的《唐朝名画录》

（12）杜牧的美学思想

（13）司空图的《诗品》

（14）荆浩的《笔法记》

---

① 原件信末有一段手记，当是李泽厚阅后所写，兹附于下：
（1）文中子〔王通〕
（2）佛教
（3）古文运动的美学思想
（4）晚唐
（5）元白□□□

有何意见，盼抽暇告之。定下后即可陆续写出。

我一切如常。国内形势平静。近闻刘再复辞职。尚不知其详。祝
安健

弟 纲纪
三月廿四日

5

纲纪兄：

我全家抵美。此地一切甚好，气候略似北京，住房佳甚。唯无华人（教员、学生均无），拙内上街颇为不便耳。拟在此半年，十月准时回国，不再延长矣。并已谢绝其他大学的邀约。

二卷台版已出，但尚未见到。谷风已承允付稿费 1200 元美金。收到后当全数带回交兄。三卷请仁兄执笔，研究生杨煦生对佛教部分有兴趣，多次要求参加，鉴于所内室内及出版社各方面意见，已初步应允。如质量不行，当然不用，如质量尚可而体例不合，则拟作为"附录"选用（此计划望兄勿泄，我未告任何人）。总之，此书功劳全在吾兄，世人自有公论也。弟素不愿掠美，如不能退出或取消名字，当在各处公开说明，以免误会。

兄去新研究事，亦多次提出。看来长期（一年或以上）因排队过长（已排至九一年），不甚现实，短期（一至三月）当无问题，唯具体时间得先与兄商量后再定为好。此事待回国后面商如何进行。余不一一，祝
全家安好

泽厚
五月四日

通讯处见信封及背面。

6

纲纪兄：

前后函收到。知兄作了爷爷，非常高兴，谨此祝贺！犬子今年才十五，看来我这辈子或已无此"福分"矣，按照中国传统说。

回答台湾该人（此人亦所谓大学"名"教授，风头颇健者。由此亦可知台湾之一般水平矣，容后当面评叙）之文章，似不必在《人民日报》发，或可寄来此处，当设法在台湾发表（仍用兄个人名义）。因该文曾被一较有影响之台湾杂志转载。之所以如此，实因台湾某些人（包括学人）对我们在台之影响颇不安和嫉妒故也。据云，国民党中央某组织竟曾讨论拙作（已全部被翻印，但至今未获一文现钱，虽然一年前翻印者即来信承诺）在台之影响云云。国内对弟之各种批评、挑剔也日益增多，亦意中事，但我决定一律不予认真对待或回答。（因他们实乃对人非对事，如答之，则更起劲矣。）①但如兄有意挺身而出，包括驳斥《文艺研究》文，弟则双手赞成。好在是非曲直自有公论和历史在。在此一切如常。十一月当回京不误。匆此，祝

全家好

泽厚

八、四

7

纲纪兄：

我于上月返京，已设法给兄带回千元美钞（《历程》得 500 元，《史》得 1000 元），想当面亲手交兄。同时似可商议一下《美学史》以后诸卷编写计划，明春正月不知兄有暇来此一趟否？当由黄德志等具体安排，经费似尚有不少可用也。

---

① 以下有删节。

余暂不赘，匆此，祝

全家安好

泽厚
十二、十二

8

泽厚兄：

闻已平安返国，喜甚！

记得恐怕已有三年未见面了，深望能得一聚为快。时间由兄定，请德志同志转知我即可。

《美学史》仍应由仁兄领头，努力搞到底，出齐七卷，留此一书给来者。观目下所出的一些书，更觉有此必要。

很感谢与台方交涉并带回稿酬，但全给我，我总觉歉疚。我意三百归兄，七百归我可也。

中国目前思想界趋势前景如何？我常在想这一问题。仁兄定有卓见。目前似处于思想之解体、惶惑之中，既孕育着巨大生机，似又期待着或一种较有影响力之思想的出现。深望仁兄负起此一重任，实际上也已在负起这一重任。我常在想这一类问题，你不会笑我太迂么？

我在这里主持一刊物，名《美学与时代》（这名称不一定佳，是他们拟的），创刊号近期可出。我想用点力把它办好一些，深望仁兄在百忙中稍予支持。如可能，二期赐一文，则幸甚！

久不见，一切待见面时畅叙，并聆兄之高见。我一人在这里，闭塞得很。即祝

全家新年愉快！

弟 纲纪
十二月廿三日，夜

一九八九年　24通

1

泽厚兄：

前函想已达览。

近日收赵士林同志信，说你让他参加当代部分写作，问我意见如何。我已告他，此书由仁兄总其事，你既同意，我当然是十分欢迎的。

又收邀请参加孔子多少年纪念的会，想当为仁兄推荐的结果，我打算参加，以开眼界。但有否必要提交论文？

又收佟景韩同志信，去苏如能实现，我们这个"三人行"倒是颇理想的。

望能早日晤面。祝

健！

弟　纲纪

一月十一日

2

纲纪兄：

两信均到，近日忙乱不堪，迟复为歉。兄去苏事，是由我推荐的。同行可畅叙。北京基金会则非由我提议，当吾兄名气所致也。

赵士林、杨煦生诸人多次要求参加写书，室内及出版社亦极力支持，当然得征求吾兄意见，具体如何安排，容后面商。匆此，祝

春节全家安乐

泽厚

一、十六

3

泽厚兄：

前信早收。想近来一切均好。

这里风传兄在什么要求释放某某的上书上签名，云云。我以为不可能。此等事，勿须吾侪过问也。

近因纪念"五四"，再阅兄之《现代思想史论》。仍觉很好。想兄或更有所作。

由报上方知《四讲》①交出，出后望赐下一册为感！

我一切如常。近有两篇文章讲新马克思主义②，但大约亦将遭一些人之反对也。祝

全家安吉！

弟 纲纪

三月十日

4

纲纪兄：

昨日从日本回来（去了半月），收读来信。甚望四月能在京小聚，已与黄德志商量，她因忙于其他事情，始终未及安排。

---

① 指李泽厚《美学四讲》，生活·读书·新知三联书店，1989年6月初版。又，三联书店（香港）有限公司于当年3月在香港率先出版。

② 当指刘纲纪《赋予马克思主义以新的理论形态》（《求是杂志》1989年第2期）、《论新马克思主义的探讨》[《武汉大学学报》（人文科学版）1989年第2期] 两文。

《四讲》容后寄上（香港据说已出），先奉上《华夏美学》①（请注意查收），请多提意见，我们之间不要客气为好。

尊款美金千元，我已以兄名义存入银行（一月存入的），兄来京时即可支取。余容面叙，颂

阖府安乐

泽厚
三、廿六

5

泽厚兄：

信悉，甚喜！

《华夏美学》（未收到，想近日可收）及《四讲》问世，当引起学界之强烈反响也。要我提意见，实非客气而不提，乃提不出多少意见，或没有什么重要意见。待读后，想各写一短评，以抒我见。偶见贵门生谈你的文章，总觉太浅，似仍在门外耶！（或我判断不当，不必告彼等知。）今日见《人民日报》谈你的一文②，尚可，但感觉调子低些。衷心祝贺成为法兰西之院士！意吾兄不会特别看重此类事，然亦为中国人之光荣也。就实在的而言，仁兄亦不在萨特之下矣。当之毫无愧色。

拙荆及小女亦致祝贺之意。

问全家好

弟 纲纪
四月九日，夜

---

① 李泽厚《华夏美学》，中外文化出版公司，1989年2月初版。
② 指祝华新《中华民族需要建设性的理性——两代人中间的李泽厚》，《人民日报》1989年4月8日。

武汉大学美学研究所
Aesthetics Research Institute of Wuhan University

泽厚兄：

信悉，甚喜！

"华夏美学论"（主要到楚近日方收到）与"讲演意志"，当引起哲学界之强烈反响也。要我指一二点，实非客气而不挺，乃挺之出多为力之意见，我没有什么重要意见。偶尔挂一漏万，有几处：一是评从挺我之欠，偶尔挂一漏万，我觉太浅，你仍还在门外哪！（要我批评不当，不必发生这种想法）今日人毛曰狂谑你们一天，尚可，你来觉调子师些，吴心说哟或为传兰西之院士！意者兄不忘者特别看重此集子，殆知为中国人之先荣也。就实在如而言，仁兄永在若萨特之不必。当之毫无愧色。

问全家好

抱郑乡小女如致祝贺之意。

弟纲纪 四月九日，夜。

1701216(87.7)

一九八九年四月九日刘纲纪致李泽厚

6

泽厚兄：

　　大作《华夏美学》已收，感甚！此书与《历程》可称双璧。虽或不如《历程》之轰动，然其思想之长远影响或更过之。待细读后，且有时间及精力（目前琐务极多）时，想写一读后感。①

　　诸事希多珍重。即祝

全家好！

弟 纲纪
四月廿九日，夜

7

纲纪兄：

　　久未联系。日昨华师大外国文学研究周长才同志曾来此，已转托其致意。我虽被点名，但一切如常，因除签名二次及去《光明日报》开会那件事外，其他概未卷入，更未去演讲、游行以及发起或参加各种组织，等等，知注并告。

　　《华夏》《四讲》二书想已收读，不知感想如何？望告一二。《中国美学史》甚想下半年开一小会商量一下，你处有青年同志可吸收参加写作者否？匆此不一，祝

好！

泽厚
七、十四
（寄仍寄皂君庙　100081）

　　问陶德麟同志好。不久曾见面，当时报告在人大宣读，我在场，列席人大常委会也。

---

① 以下有删节。

8

泽厚兄：

来信悉。这些日子确在为你担心。我虽深知仁兄不同于其他人，乔木、胡绳同志一向又了解你，但仍觉不放心。现知无事，甚喜！

大作两本，均已读过一遍，拟再细读之。初步的印象是感到有新意，有些过去似未提及的论点，颇深刻。唯觉有些地方论证似稍欠充分，或当更发挥而完善之。

《美学史》一事，待我十月去京开孔子会，会后即可商议。总之，要把七卷都弄出来。

叶朗著《体系》①想已见。他送了我一本。我翻了一下，感到甚浅薄，无大价值。但现在似乎又吹开了。近年来，偶阅某些所谓"开拓创新"之作，常有"世无英雄，遂使竖子成名"之叹也。

京中想尚未完全稳定，诸事希多珍重。祝

全家好

            弟 纲纪

            七月廿日，夜

9

纲纪兄：

来信收到。我仍如常，随意翻捡杂书以消酷暑。《四讲》《华夏》二稿仍望多提观感。思想史三册、美学三册（《历程》有英译本，日译本今年可出），似可暂告一段落。此乃归国时之决定，如今正好切实执行。我作文素粗疏，不耐烦劳，毛病不少，大概仅可远观而不能亵玩也，一笑。尊款美金千元仍存我处，因不放心，面交为妥。望十月能见面畅叙。余不一一，祝

---

① 指叶朗《现代美学体系》，北京大学出版社，1988年10月初版。

全家安好并候关心我的朋友、同志、同学们。

泽厚
七、卅

来信提及叶朗的书，此书反应并不佳，"成名"更谈不上。学术天下公器，自有公论在。虽吹捧亦徒劳也。

10

泽厚兄：

来信早收到。因为前一段这里的文联评奖及其他事，到现在才来写信。

兄的思想史三书及美学三书均极有价值。我曾有过这种想法，在适当的时候来较系统地研究一下仁兄的思想，按我的理解作出阐明。我历来认为仁兄的思想是马克思主义的，但是当代的中国的新马克思主义，并且比卢卡奇高明。我总觉得这种新马克思终究会在中国发展起来，而仁兄正是先行者。

看目前理论界，似乎有极少数人又摆出副唯我独马的架势，企图将前一段提出的许多重要观点都归入反马克思主义之列，并由他们来垄断对马克思主义的解释权。对此，我觉得应在适当的时候加以坚决的反击，哪怕是搞搞论战也好。

这里正在搞清查，对此次事件，我一开始是既支持，又有很大的保留。其一是因为不知某些"精英"究竟是要干什么，我对这些人一向没什么好感，在学术上也不佩服。其二是因为近几年来我不再像过去那么无保留地相信和赞美青年了。其三是人们都知我与仁兄关系非一般，如我卷入，很可能会被认为我有什么特殊背景，甚至代表仁兄在湖北活动。然而我怎能代表仁兄，卷入对你我均不利。所以，我是不游行，不去看大字报，不在青年中露面。只是签了两次名，捐了两次款。

容再谈。乞多保重。祝

全家安好！

弟 纲纪
九月五日

11

纲纪兄：

九月五日信收到。我仍如常，至今也尚未要求我作检讨或检查之类。我的书也仍在卖。至于拙著，海内外似均有人在作或准备作评述。哈佛有人以我为题（称我为 aesthetic Marxism）作过学术讲演。《四讲》美国人想译。《历程》及《古》《现代》一些论文日文本亦在翻译中。只国内看来，近年不会有何起色。也不必与之论辩，不值得也，一笑置之，自有公论在。我们还是埋头读书，搞完《美学史》为好。不知何日（十月初？）兄能到京？望告。《美学史》事所内室内均有所催促，当仔细与兄研究计划一下，如何？

甚盼把握畅叙。匆匆，祝

全家安好

泽厚

九、十二

12

泽厚兄：

来信收到。

只要没有什么特别的情况（在十月十五号之前，这里去京需省里批准），我五号动身，六号到达、报到。我想只参加七、八两天的会（九、十两天是到曲阜开），然后留下（届时希望托人为我找一住处），我们即可见面（记得有近四年没见面了），并商讨《美学史》的事。此事全由仁兄定夺，我不会有什么特别意见的。不论外间有何议论，望仁兄不必管它。我深信也是这样。

很同意您的不去争论的意见。近期《文艺研究》您看到了吗？蔡、毛两文一呼一应，好极了，然而也蠢极了。至于狗屁不通（包括蔡文）之处，多矣！美学界将成为蔡马克思之天下？真是够"美"的了。

诸事仍希多珍重。祝

全家好

弟 纲纪
九月廿二日

又，有几位不相识的青年来信问你我之情况，均已复。

13

泽厚兄：

我已到家。此次承仁兄及嫂夫人拨冗热诚招待，十一日晚又亲自光临，感甚！

那款我已取回。取时方知存入手续颇烦，仁兄不惮烦为存入，弟亦极感激也。

《美学史》一事，已向仁兄立了军令状，定如期完成，乞放心。下周内当可寄上"隋代"章。隋代思想亦颇丰富，然过去研究很不够。关于唐代佛学与美学之关系，本想专立一章，又恐与有关诸章之内容重复，所以现初步想放在各章有关部分论述，再于全书概观中作一总的交代。三卷章目附呈，乞审定。

归后查您在新加坡时寄我的《联合报》一文的复印件，作者名我是看错了。年纪渐大，有时说话办事易出错。

待过一些时日，拟用汉史晨体（我喜此碑）笔意书一联赠兄。联文为：天下文章莫大乎是，一时贤士皆从之游。我以为仁兄可当之。书成裱后再呈。

此次到京，颇感多年居汉，见闻狭窄，甚有迂腐之气也。

祝全家平安愉快！

弟 纲纪
十月十四日，夜

附：三卷章目

一　概观

二　隋代美学

三　初唐美学

四　陈子昂

五　李白

六　王维

七　杜甫

八　皎然

九　古文、传奇

十　韩愈及其门人

十一　元、白

十二　杜、李

十三　司空图

十四　画论

十五　书论

十六　荆浩（五代）

14

泽厚兄：

前函想已达览。

兹另用挂号寄上"隋代美学"章，乞查收、审阅。这还是去年初写的，但未完，今补足之以呈。写法与一、二卷类似，但我现在已觉不很满意了。问题在常过于理性化，这是我的弱点。因之，此章之后其他各章的写法，当思变动也。美学及美学史无疑须尽可能包含较多的诗的因素，不可能是纯哲学的，或纯分析的。当然，纯诗的也不成。两者的统一是关键。《历程》成功的重要原因之一在此。《华夏》则偏于哲学了，然亦有诗。这也是中国式的思想家之特色，但又不同西方叔本华以来的所谓"诗化哲学"，比此辈高明也。"极高明而道中庸"，此传统宜加以发挥。弟多年受 Hegel 之影响，有所得亦大有所失。

以上是补足此章后的感想，但后之各章如何，尚不敢奢言，只能尽力而为而已矣。以后每周寄你一次，速度不会太慢的。我已撇开其他一切事。孙子太吵闹，关门而拒之不理。

再谈，祝好！

弟 纲纪
十月十八日

又，参加者已初步定下，待更商。

15

纲纪兄：

两信收到，这次晤面，非常痛快，可惜时间短了一点，交谈仍太少，意尚未尽也。当谋每年晤谈一次，如何？二卷以下文笔，弟意仍贯彻一、二卷风格，不必诗化。吾兄严整风格，我仍非常欣赏。况毕竟是一历史兼哲学书籍，而且乃巨制，逻辑谨严实所必需。

章目无甚意见，只感如将李白、王维、杜甫各列专章，易与文学史、文学批评史等混同，而少哲学味道，将此三人合为一章，如何？或将李白、王维与道、禅一起讲，另拟章目题目，如何？陈子昂、杜甫以及小李杜，似亦有此问题。尚请吾兄斟酌。初盛中晚（文学、壁画等）似宜有专章细论，此题乃一大公案，历来真正之研讨并不多见。总之，唐代文艺高峰如何从哲学概括，应为三卷之主要任务而区别于一般流俗"各种史"。只有不人云亦云，包括章目，才可使海内外刮目相看。匆此不一，祝健康。

弟连日身体突觉背疼甚，骨质增生故，真垂垂老矣。

泽厚
十、十九

16

泽厚兄：

来示悉。此前已将唐代各章又加调整，即以初、盛、中、晚分章，庶几脉络分明。原拟章目即分别排入之。标题如兄言，将略为更动。至于初、盛、中、晚之分，原拟于概观中详论。大略取沧浪、高棅说，与《历程》一致，复论证之。唐之思想、文艺均不易言，弟当勉力而为，务期有警策之论。大略而言，弟以为集前代之大成，乃唐之重要特色。儒、道、骚、禅，相互渗入融会而呈异彩。似少新说，实多新意。其局变化微妙，须析而出之，方得其真象也。唐之伟大，在于既能发扬儒之积极方面，又能广取前代各家以致外域之长以为我用也。前期，陈子昂乃关键人物，后期则为韩愈。此二人均为开风气之先者，余子由之而出，又各显神通。儒、道、骚、禅，如四大元素，在不同时期及不同人物身上，其去取配合，各不相同。如李白实以庄为特色，其仙乃庄子化之仙也。初、盛、中、晚之分，亦与此四大元素之消长搭配有关。盛之为盛，乃在得庄及魏晋神髓之故。过此而后，日趋于禅。其间又复求之于儒，然此儒与盛唐之儒异趣矣。

弟之文笔，常欠空灵，虽不诗化，亦须改进。然积习难除，但勉力为之耳。

元、明及清，分给四人，二人一卷（中有彭富春），齐头并进。唐则仍由弟继续写去，中或一二处由研究生助成之。预计明年初交出，当无问题。

骨髓增生非小病，唯乞认真治疗，不可大意。

容后谈。问嫂夫人好。

祝健

弟 纲纪
十月廿八日，夜

又，已写至陈子昂。"初唐"章成，一次寄上。

又，唐儒似以《易传》（承汉而来）及孟轲为主。

湖北省美学学会
中华全国美学学会湖北省分会
All—China Aesthetics Association
Hubei Branch

泽厚兄：

来示悉。此章之写唐代名章又加调整，即所谓初、盛、中、晚分章，批旧稿分调，重新章目即分别排入之。移我兄言，写时别无正即要中晚之分，章节手概观中详论词。先略观至于唐诗思想之多方言，名论证之。唐之思想文艺均有多言，为之多有期多繁为策之论。先略分言，等勉力为华新气彩，代之大兴，乃唐之重要特彩，儒、道、释、玄说之，似为多新变化，儒之佳文化兴，则是对思想，这样析写出新方法共氛象也。先于说明发扬儒之敬诗言也，又须二面章看，代名家以致外儒城之长以写用也。人物，启期到书韩愈，其子身出而先亡旁，二人物为一开风气链之先者，全期儒之先者，全子出而不出。先二人物到不同时期而不同。儒、道、释、禅，如此大元素在不相同。人物多以上，其表要起合，至此仙乃庄子化之似也。

一九八九年十月廿八日刘纲纪致李泽厚（一）

湖北省美学学会
中华全国美学学会湖北省分会
All—China Aesthetics Association
Hubei   Branch

此信写后未发，因以为"初唐"章将成，拟于寄稿时一并发出。然至今日方写至太宗书论，盖陈子昂一节费去不少时日，中又有他事扰之也。估计下周内"初唐"章可全部完成。此前或先寄上一部分，乞查收。

近闻由胡绳同志引见，兄见到了江泽民书记，未知确否？

十一月五日，夜

又，写作甚顺畅，不会慢，乞放心。另有一事相烦。我由京返汉之路费，在京时说由哲学所在我们的经费中报销（目下这里因招生人数锐减，经费极紧张），车票已交德志同志，但是至今未见汇款来，你如有事给她打电话，顺便催问一下。

17

泽厚兄：

原说在上周内寄上"初唐"章，还是又拖下来了。今天是星期二，我想本周内寄出不会再有问题。希查收，我总怕掉了。"隋代"章收到否？

"初唐"章我颇费了一些功夫，自以为有所创获。考证上也有收获。我考出了孙过庭的生年及生平大略，此亦一快事也。考证家们始终未考出过。其实有何难哉！博学的先生们往往并不见得肯翻翻各种书。懒！不用功。钱的有些考证亦如此。日本人不太用脑子。

我的《刘勰》[①]已收到台北寄来样书一本，还要再寄九本。待收后即寄呈，望赐教。此书后亦有刘之生平考证，有些是"龙学家"没有注意到的。

想一切均好，乞多保重。问候嫂夫人，并祝

全家安乐

弟　纲纪
十一月十四日，深夜

又，按目前速度，我想明年三月的样子三卷可完。然后我可与其他几位

[①]　刘纲纪《刘勰》，东大图书股份有限公司，1989年9月初版。

搞余下的两卷。（他们正在积极进行。）下学期准备请"学术假"，专门写书。如明年底终于全部完成，就好了。我想会的。

18

泽厚兄：

迄未见来信，想不会是病了罢，甚念！

已用挂号寄去"初唐"章的三节，余下尚有七节，均已成，日内重看一遍即陆续寄上。

你所说题目问题，我正重新考虑，"盛唐"章想再另作组合、标题。麻烦的是此乃史而非史论，不得不照顾历史的顺序、人物、著作、过程，等等。我再想想看。"初唐"章重看毕寄出，"盛唐"章即可开始了。

愿一切均好，盼来信。

握手！

弟 纲纪

十一月十九日，夜

19

纲纪兄：

先后来信并"隋代"章均收到。因自十月以来左背肩病疼加剧，已近一月未去所，多方治疗无效，正进一步检查诊断中，所以迟迟未能函复。乞谅。"初唐"章估计不日可到，当与"隋代"章共读。前次信所谈各点，较好，无异议，此书之义理考据文章，当如上卷而或过之，难处或在如何处理佛学，而四大元素之消长搭配似一关键所在。中国文化以儒为主，儒道互补为纲，辅渗以释禅，此之所以不同日本、印度诸其他等之文化也。吾兄细析而密证之，可一刮世人耳目。此外，时人论述中有过于荒唐处（不知敏泽书曾见到否？此人狂妄而又浅薄甚），亦可予以论评，当然（包括各种论文其佳处亦宜借鉴或采纳（注明）之。吾兄文笔甚好，谨严顺畅，只注意不必过多重复即可，不知以为如何？

北京一切如常，大抓经济问题。前信提及见红事，乃误传。匆此不一，祝

全家福

泽厚
十一、廿五

20

泽厚兄：

来示悉。

闻病加剧，甚念，希多方设法认真治疗为盼！稿子在精神好时慢慢看一下就行。勿须急也。总要完成的。

盛唐部分大致已想好，写起来会顺畅的。弟以为最能代表唐代佛学之特色的乃华严宗。《历程》言祈福之宗教，即此是也。其于盛唐至中唐影响极大，禅宗影响至晚唐方成为主导。传为王昌龄著《诗格》实为佛门中人作。与皎然作一样，均以华严佛学（亦渗入禅宗）之方法论文艺也。佛子作诗，请谒名士，乃其时风尚。佛学问题，拟详论之。确很重要。

不再打扰。祝一切好！

弟 纲纪
十一、廿九

又，近闻洪毅然先生得脑癌，已至后期，但未告诉他本人。闻之黯然。

21

纲纪兄：

来示悉。病痛未加重，亦未减轻，勉力读毕大稿，觉极好。尤其对陈子

昂、孙过庭之分析，清晰说出其特色（即不同于前人）所在，所论即是，其中儒、道、骚相互渗透之意，可以服人。其次是材料翔实，这非常好，非常有用，收录、会拢了好些资料，将成为本书重要价值之一，至少可有查检方便。再次是综合利用了现人研究成果。吾兄虚怀若谷，不拒涓细，对时人著作多有征引，我认为这是优点。近读《中国社会科学》第六期中一文[①]，论韩孟诗派，其中有一观点，指出此派儒、释渗透，与我们看法相同或接近，亦可采用也。总之，概括当代所有成果，或引或拒，或赞同或评点，决不闭门造车，此意似亦可向准备参加编写的年轻同志说明。常见一些青年盲目自大，眼高手低，贵耳（西）贱目，乃一大通病。佛学处理，尊意甚是，禅可在晚唐讲。又：初、盛、中、晚可作一专章概述，因此"初唐美学"节似可取消，一免邻近而重复；二拙对突出"骨气"范畴略有疑虑（容后叙，最好面叙，始能会意）；三初、盛、中、晚之分似需做些论证，所以不如全卷结尾时总论一番也。不知以为如何？匆此，祝

安好

泽厚

十二、七

因此避免本卷只有五章，与前二卷不伴。

第一章　隋代美学

第二章　初唐文艺与转化和"四杰"新风

第三章　陈子昂：汉魏风骨的重新高扬

第四章　唐太宗与欧、虞、李的书论

第五章　孙过庭的《书谱》

第六章　初唐画论

第七章　李白、杜甫与盛唐美学

第八章　殷璠讨论

---

① 指孟二冬《韩孟诗派的创新意识及其与中唐文化趋向的关系》。

第九章　从王维到皎然

……

又，五、六卷似可着手进行，具体要求参加者阅读材料，提出看法等，如何？

22

泽厚兄：

来示悉。兄带病看完近八万字的稿件，这使我甚感不安！还是慢一些，不要紧，务须多保重为盼。兄之鼓励，使我高兴。

关于章目的调整我完全同意，原先也是拟这么处理的，后又觉得分初、盛、中、晚似较鲜明，但这样一来，章即大为膨胀，且与前二卷之体例不合。我想初、盛、中、晚之分，在第一章概观中详论之。我正在想如何较简捷中肯地概括不同时期的特征。前一段因重改论孔子一文，费去了一些时间，近方进入"李白"章之写作。又看了华严宗的一些材料，甚有所得。

近日这里传闻上面开了一个什么会，提出要把兄之著作作为"自由化理论基础"加以批判，云云。很可能是真的。还说《人民日报》即将有文章发表。随它去好了，多注意调养。容再谈。祝

全家好！

弟　纲纪
十二月十三日

又，其他两卷也已动手，给参加者讲了应读的书及应注意的问题。章已大致定下，并已分工搞。

23

泽厚兄：

恭贺新禧！遥祝仁兄及嫂夫人安吉！

"唐代佛学"章已成，另用挂号寄呈，请查收。此后各章之进行，当会较快，乞放心。

经费问题望能解决，以利工作之开展。情况如何，盼告。

我一切尚好，今日开始进入"王维"章。

匆此，即颂

安健

弟 纲纪
十二月廿三日，夜

24

纲纪兄：

十三日信早收到。我一切如旧，身体未恢复；颈椎病似略加重了一些。"批"事确，他们已准备了两个月了，我早有所闻，置之不理而已。据云将由董学文发难，蔡仪门徒及郑伯农（已任《文艺报》主编）等跟上，规模甚大，云云。我却毫不为动，连心情亦无影响（这是真的），大概真不可救药了。一笑。

《美学史》仍抓紧为好。第四卷（宋代）原定之撰写人刘东乃我之博士生，亦因事尚未能答辩，他心猿意马，似已无心于此，不如仍由兄另组人马，更为落实，如何？他的论文（宋代美学）不日寄上，可供参考。

上次吾兄来去匆匆，未及细叙，颇以为憾。盼来年能再有机缘。匆此，

祝贺

新年

泽厚
十二、廿七

一九九〇年 21通

1

泽厚兄：

信悉。

看来或将造成某种"围剿"之势？没有关系，批得愈激烈愈好，因为这会把重大的分歧之点分凸显出来，也会把对方那些"左"的简单化的观点充分地显露出来，从而引起更广大的人们的思索。另外，我估计，大约会是以内部学术争鸣的形式出现的。

宋代部分我可组织人写，宋、元仍合为一卷。不过，兄之身体既欠安，在目前我又总觉提不起写的情绪。此书本可以激起青年对中国历史文化的热爱，非常符合爱国主义教育之宗旨，但现在一些地方已列为禁书了，图书馆借不到。既然如此，我们又何必急急为此书而辛劳，卖命呢？不如拖一下，暂停，你以为如何？①

容再叙。深望好好治病。

握手！

弟 纲纪
一、五

又，洪毅然先生已去世，我打了一电报去表示哀悼。

---

① 以下有删节。

2

纲纪兄：

先后信悉。"批判"（学术形式也好，非学术也好，均不值一顾）据云尚有叶某参加（包括整理材料），此人对兄颇不怀好意，对赵士林书中之批评则恨入骨髓，其实赵书与我并无关系，我至今也未看也。《中国美学史》仍在发行，近期《文学评论》载有毛崇杰（蔡仪学生）专文，中有骂《历程》的话，但封底仍赫然《美学史》之广告。所以我意《美学史》不但不能停，而且要尽快全部写完交稿，以堂堂正正之学术成果，来面临知识学术界之停滞消极时期。至于马列理论建设，则最好潜心研究，目前写作、发表、讨论恐远非其时也。上面不是说过暂不谈理论问题吗？！所以，盛唐部分可寄下，以下请续写。

另，如年前所约，已嘱杨煦生（原研究生，彭富春之同学）写隋、唐佛学中之美学思想二章，拟作为附录入第三卷，想吾兄能同意。总之，我仍希望，五月第三卷杀青，紧接着手四、五、六、七卷之工作。第七卷由赵士林承担，四、五、六请兄抓紧组织、督促，以早日完成为好（也好继续申请费用）。余不一一，祝

春节阖府康乐

泽厚
一、十二

来信请写武昌邮区号码。

3

泽厚兄：

来示悉。前一段有些灰颓，深觉如此穷年累月地干，究竟有何意义？今得来书，乃思再振旗鼓。七卷仍须完成它，否则留在脑中，随同入土，亦甚不合算也。不日即将"杜、李"章寄呈。各卷均已布置，他们正在努力。待

我写完三卷，即去看和修改他们的稿子。贵门生论佛学作三卷附录，我完全同意。此问题确需集中地论研一番。①

春节将近，我的孩子、媳妇、孙子均去江西走亲戚，乃得清静一下。稍清静即不断地作画。我年十三学画于吾乡胡楚渔先生，后因家贫辍学。今年五十七，甚思重操旧业。假我数年，成一山水画家，毫无问题。古人寄情书画，我渐老而无用，亦有此想。观当今画家，可称者寥寥。弟以为宋画乃中国画之高峰，亦中国画之根基所在。习中画而不深研宋画，乃无根之浮萍耳。当今画家（中国画）之少有成者，实未由宋画筑基之故。李可染亦未充分了解宋人精神，而仰赖西方之素描，故终有板滞浮浅之弊。弟曾作研究之龚贤，其卓越处即在从宋人之根基上大发展而来。去年为其逝世三百年，我著一文纪念之，将在《美术》发表②。京中情况，我估计或会稍趋缓和。这里又传闻你参加一关于"五四"的片子的制作问题，云解说词乃彻底之民族虚无主义，我不相信。或别人打着你的旗号写的？此类事，宜分清责任也。去年广东的《现代人报》来采访我，后发了一采访记（谈孔子），开头提及《美学史》，却不见你的名字，后方知现各报刊均不许出现你的名字，也不能引用你的话。好笑。

容再谈。即祝

春节全家康乐！

弟 纲纪
一月廿一日，夜

又，拙著《刘勰》另用挂号寄呈。不足观也。

又，三卷估计今年上半年可完。

---

① 以下有删节。
② 指刘纲纪《龚贤绘画的评价问题：纪念龚贤逝世三百周年》，《美术杂志》1990年第9期。

4

纲纪兄：

今天是大年初一晨，特寄此信，敬祝全家安吉快乐。

《光明日报》已阅，连斯大林也搬出来了，可见一斑。吾兄决不要为之生气，冷笑置之而已。反驳也可以，总之以不动真气为原则。

我仍如常。今年收到之贺卡超过任何一年，且有素不相识者寄来的。我近日曾对人说，应有一种创造历史的感觉。前寄航空一信，谈及《美学史》诸事，不知收到否？匆匆。

泽厚
一、廿七

5

泽厚兄：

前信及拙作《刘勰》想已收。

《光明日报》上同我"商榷"文想已看到。把我先拉出示众，此事甚怪。也许背后有什么人搞鬼，也许是发出一个接着就要搞你的信号？随它去。

春节过完。这两天处理了一些复信等等的事，决心潜心于三卷的写作，不管其他。

兄病情近来如何？望多留心。特别是不要受外界情况影响精神、情绪。还要抽时间去治疗，按时服药，等等。

问候嫂夫人，即祝

安健

纲纪
一、廿九

6

纲纪兄：

　　大著《刘勰》并信收到。我初一信想也到。《光明》文背景不甚了解，不必管它，只更增吾兄声望。批我文迟迟不见出台，亦不知何故。春节我也收到参加初一团拜（即李鹏讲话的人大会堂团拜）邀请，但我未去。背疼如故，懒于出门故也。

　　大著匆匆翻过，仍觉美学部分极好。此种书如有美金，兄可多写几本，有傅韦负责，稿费当不致落空；但切不可与谷风之类的出版商（此类人在台湾甚多，常来大陆"组稿"）打交道也。又，尊著引西学处如"家族相似"等似不甚妥，其实可不谈。匆此，祝

康吉

泽厚
二、七

7

纲纪兄：

　　信收到。批我的文章正在陆续发，但似未大肆点名（当然学界读者均知指谁）。我均笑而不理，一点也不影响情绪，甚至不想去看它。如蔡仪文（《人民日报》2.20），简直丢了他自己的"学者"面子，因之自有公论（"公论自在人心"也），何必动肝火。吾兄似亦可如是。我们工作正好与之相对，如鲁迅所云，一面是严肃的工作，一面是荒唐与无耻也。我亦常有云，只对人民、历史负责，不对其他任何负责。古人云"动心忍性"，"四人帮"十年也过来了，《批判》就是那时写的。可惜我今日身体已不行（颈椎病丝毫未好转），不然正大好写作时光也。

　　所以拙意《美学史》更需加速，四、五、六卷写作请兄抓紧组织进行。前日挂号寄刘东文，可作四卷参考。三卷如能比二卷精彩岂不更佳？！前

日，南朝鲜出版社托人来求为译《美学史》写一序文（据云，某南韩大学二教授担任译者），请兄一并考虑。如能迅速将七卷拿出，质量又高，实今日可作之最有意义之工作。其他事情反而不易作好。总之不必消极，风物长宜放眼量，我赖此支撑数十年矣。余不一一，祝

全家好

泽厚
二、廿三

8

泽厚兄：

　　来示悉。

　　仁兄的劝慰使我感到温暖。较之仁兄，我确实阅历太少，入世不深，此亦影响及于我的整个思想以至文风，近年方有自觉也。《美学史》当如来信所嘱，振起精神，努力写下去，务期完成。南韩拟翻译一卷，说明此书之价值已为国际上所认识、注意，是好消息。可能引起连锁反应，使日本人也要注意它。不论就日、韩，亦或港、台地区任何一方面说，此书的学术水准均一点不比他们差，且有过之，此亦为大陆学界之光荣也。

　　我已写至杜甫。李、杜为一章，并将两者比较，近日可成，即寄上。由李至杜，实为一大转折。由杜至白居易，又一转折。唐代思想之演变颇迅速，堪称起伏跌宕。

　　你的病，深望抽出时间去认真治疗，不可拖，亦不可不以为意。至盼。

　　祝

全家安吉

弟　纲纪
三月五日

　　又，贵门生关于宋代的论文，尚未收到。大约近期可收到，当细阅。

9

泽厚兄：

前函想已达览。

最近听说将对科研项目作一次大检查。在此情况下，他们很有可能会一刀砍掉《中国美学史》这个项目。参加写作的人员亦因此有观望、等待之意，怕写后无法出版，白费力气。因此，对他们可能会采取的这一手不能不防。① 如果这样，很难设想会弄成怎样的局面。

祝健！

弟 纲纪
三月九日

10

纲纪兄：

两缄收到。所谈事已考虑到，但有办法出版，请勿过虑。重要的仍是质量。请组织人马继续进行，不必担心也。

人大开会，我仍参加，但我只拟应应卯，参加数次而已。

我估计目前情况会延续一个时期，不会有大变动或激烈情况，亦国情也。余不一一，祝

健！

泽厚
三、十七

---

① 以下有删节。

11

泽厚兄：

　　信悉。闻京中局势稳定，甚慰。中国的改革确只能以局势的稳定为前提，在此前提下发展经济，为进一步推行改革创造条件，并在条件成熟时及时而果断地进行改革。我前一段对局势的估计有过虑之处，主要是怕"左"的力量重新起来。

　　已写至杜甫，但中间插入了一个临时的工作，受朝闻同志之嘱，为他的《审美心态》写一书评[①]。已写成寄出。他已到高龄，此书的写成甚不易，较之过去有进展。

　　深望多保重身体。在此前提下，人代会能多参加些更好。祝
全家安吉

弟　纲纪
三月卅一日

12

纲纪兄：

　　信收到。知于李、杜又有创获，甚为高兴，唯李、杜究非美学家，则处理时望注意及之，以不与全书绪论所提原则出入过大。唐代美学实一空白，吾兄写成大功德也。佛学部分已嘱杨煦生在写，但水平质量如何，尚很难说。刘东论文挂号寄出已久，不知达览否？四卷以下仍请早日安排组织。年轻人作品当然难以尽如人意，但似仍应放手，他们在干中可不断在兄指点下努力提高。不然七卷杀青无期而吾辈垂垂已老。有头无尾之书实大可惜，不如尽早全部竣工出版，然后从容修改，加工再印。

　　批判正在展开，可能继续加温，但我已老僧入定，风雨无心。常念古人

[①] 王朝闻《审美心态》，中国青年出版社，1989年8月初版。刘纲纪所撰书评即《审美探幽　老而益壮——王朝闻〈审美心态〉读后》，《中国图书评论》1990年第4期。

处境，亦一种锻炼。匆此，祝

好

泽厚
四、五

又，顷接通知，为申请经费，需对第二卷作一两千字左右的"学术总结"（包括有何新见解、资料情况等），作出自我评价（不必吹，但可将台湾有四个出版社翻印、南韩将有译本等写入，被台湾报刊评为"破天荒之著作"，等等），请兄尽快寄来，以便再要一些钱。今年似可去外地开一小会，时地亦请考虑。但不必写入报告。

13

泽厚兄：

信悉。二卷的"学术总结"，我起了一个稿子，你再看看。关于经费，望拨一部分至武大，以利购买必要的书籍。特别是参加写作的一些青年人经济不宽裕，书价又上涨，买书困难。有些书又是图书馆没有的，或有而借不到、借不出。此问题望与所里协商解决一下。在国家重点项目中，我们成绩不小，而所用经费可以说最少的，堪称艰苦奋斗矣。款可拨至武大财务科转哲学系。

刘文我还只是匆匆翻了一下，初步印象是个人情感色彩太浓，又用写杂文、随笔的方式来谈，尚缺乏严谨深入冷静的分析论证，对你的《片论》[①]一文的基本想法似亦未很好领会。至于苏轼，其基本思想当然仍属儒家无疑。他的大量的史论、政论均说明这一点。且苏在当时，本意实是想当政治家的。不过，此文的某些论点也有新意，如对"平淡"的解释，但仍是随感式的，不严谨。当今青年一代，常喜此种搞法。而不知学术是一种严肃的东西、冷静的东西，不能感情用事。如刘勰所言："任情失正，文其殆哉！"

---

① 指李泽厚《宋明理学片论》，《中国社会科学》1982 年第 1 期。

再有，就是他们往往口气很大，这也不好。此文要答辩通过，我看须让作者作较大的修改。文字铺排过甚之处，均可省略。

三卷以后的写作早已布置下去，有的人还写出了某些章。一般我是先看了提纲，再让他们动手写。不过，怕难完全如意。修改的工作量将是很大的。太差拿不出手。

国内政局，稳定是第一前提，其他慢慢逐步解决。最近这里校报让我写对形势的看法，我也讲了这个意思。中国经不起再震荡。我虽有时心情不佳，但从大局看，须稳定。对仁兄，我相信不至于采取什么不恰当的做法。报上批一下，没有什么。而且比《光明日报》批我轻得多了。今后升级也升不到那里去的。我却可以说是活天冤枉。近十多年来，我在学术界要算是一个鲜明地主张坚持马克思主义的人，这也是大家公认的。而他们却先要把我拿出来批，真真是没有天理良心了。因为我挨了批，前一段有不少人前来慰问我，有时应接不暇（来者也有打听情况、风声的意思），影响写作。近来方好些。

最近又开始评博士导师了。[①]望仁兄在可能范围内关心一下此事为感（不要忘了）。

祝健！

纲纪

四月十二日

14

泽厚兄：

我近日咳嗽非常厉害，弄到卧床。近日稍好，检查说明有肺气肿，盖抽烟太多之故。现在只好节制抽烟，但仍下不了戒的决心。

寄来的南韩译序及仁兄写的序已收，觉得很好，就这样。南韩本的出

[①] 以下有删节。

版，说明此书已打到国际上。我相信此书还会引起其他国家注意。日本人总不能老装作好像没有看到此书的样子。他们自以为对魏晋南朝这一段甚有研究，但我们在不少方面已超过他们了。

由于近日身体不佳，写作进展慢，深感今不如昔。"李杜"章尚差一节（李、杜优劣问题），完即寄上。我对杜最喜讲的"神"作了不少分析。

祝健！

弟 纲纪

四月廿五日

又，记得前信谈及刘文，只是一粗略印象，如不当，乞正之。

15

纲纪兄：

前后两信收到。我近来身体亦不佳，胃不适甚，正预约检查中。自然规律无法抗拒，毕竟年岁日增，机能衰退，尚望吾兄珍摄，三卷亦不必太赶，只不停顿即竣工有日。南韩版序文系极匆忙中（催要赶飞机航班云云）草就，实不成样子，唯其中指出乃吾兄作品，颇感欣慰。（以后有机会仍将继续澄清这一点。至少不必因我使此书在国内受累，在国际上则可正视听也。）日人翻译出版了我的几篇文章，出了一本书。《历程》《华夏》据云正在译中。《美学史》当然被重视，只是他们搞美学人甚少，而分科极细，文、史、哲均不相通，故接受、吸取尚需时日。

前信对刘文评论极是，不必客气。这也正是我的印象，并曾告他。但如今年轻人均自负甚，不大能听取意见，亦通病也。余不一一，谨祝

康健

泽厚

五、三

长沙 5.5—5.8，教委组织、黄楠森等出面主持，专门会议批我，曾假惺惺来邀请信。人大会我基本未去，很快也许免去，亦佳。我本楚狂人，素不在乎此。

16

泽厚兄：

久未收到来信，不知近况何如，甚念！身体验查的最后结果怎样？

四月间曾在这里会见了《历程》的德译者卜松山，看到了印出的书，很高兴！此人现在特里尔大学，我与他长谈了两小时，提出可研究中德美学比较问题。

我一切如常。本月原拟去京参加青年美学会，现因事不能去了。

记得在一信中曾言及什么博士点问题，勿需放在心上。成与不成毫无关系，再过三年即可退休了。

愿一切好！有空来信。

纲纪
五，十九

又，前曾收美传记研究所信，言给我终身成就奖，想或是仁兄提名。但我无法付出费用，因作罢。

17

纲纪兄：

久未通音问。前闻振斌兄言兄心绪不好，是以未想干扰。敏泽如今红极一时，其《美学史》竟被报上说成唯一的马克思主义，可笑之至。[①]其书此间未找到，也想一阅，不知兄曾看到否？有何印象？望告。如有长处，亦不以人废言也。我一切如常，任他围剿万千里，我自巍然不动，且心情平实愉适。《美学史》三卷似并未列入"八五"重点规划，据云已入前两个五年计划不能再延，如此等等。我觉毫无关系，由他去吧。匆此，祝

---

① 以下有删节。

健康快乐

> 泽厚
> 一九九〇、十、卅

18

泽厚兄：

信悉。知一切均好，甚慰！现另用挂号寄上"殷璠"章，希查收。盛唐美学很少有较高的理论概括，殷是很难得的。我们的论述、考证，是迄今最深入而详尽的。观时人所写的，常常惊异于何以那么无头脑、平庸。然而，一些人却要对我们加以嘲骂、攻击，真是太可悲了。[①]一些青年对三卷的出版期待之深（有人甚至说已出了，要我代购），令我感动。不论如何，总要尽快努力完成此书各卷的写作，否则无法向仁兄交待，也无法向青年们交待。"殷"章已完，下面即是唐代佛学与美学了。王维拟放在此章中讲，皎然仍拟另立专章论之。附及传为王昌龄所著诗论，我以为可能出自某一佛子而兼诗人之手。待考。元、白诗论及古文运动，拟合为"中唐儒家美学思潮"一章论之。但韩愈仍另立专章。

前所赠《孟法师碑》，印制精良，宛如原拓，甚好。还在写字吗？坚持下去，定可成为书法大家。六月在京，有黄鹤欲飞之直感。后即亚运，想京中紧张。为免麻烦计，亦未写信。我虽有时情绪不佳，但尚好，不念。书不尽言，唯祷安康。

> 纲纪
> 十一、九

又，敏作我估计是在他的《中国文学理论批评史》的基础上增改而成。此书我是翻了一下的，极平庸。文论界还认为材料、训诂上的错误也很多。他自诩严谨，甚为可笑也。

---

① 以下有删节。

再，英国剑桥多次来信邀我收入一国际知名知识分子名人录，当然需出钱买他的书。你看有此必要吗？便中盼告之。

19

纲纪兄：

前信想到。刚发信，便看到敏泽文，虽作了简答，估计不会发表。现在已完全不讲理了，由它去吧。附上供一阅。

我仍如常。祝

好

泽厚

十一、十

附：

简答敏泽先生

读敏泽《学术研究只能从最顽强的事实出发》一文（《人民日报》1990年11月1日）中对《美的历程》的批评，不胜惊异。批评说："画上题诗自北宋始，遗迹犹大量存在。可是李泽厚先生却说：'从元画开始的另一中国画的独有现象，是画上题字作诗……这是唐宋和外国都没有和不可能有的。'这让人说什么好呢？"

（1）按《美的历程》原文为"从元画大兴的另一中国画的独有现象，是画上题字作诗，以诗文来配合画面，相互补充和结合，这是唐宋和外国都少有和不可能有的。唐人题款常藏于诗石隙树根处（与外国同），宋人开始了题字作诗（按，《历程》初版为'宋人开始写一线细楷'），但一般不使之过分侵占画面"（《美的历程》，1984年社科版，第227页；1989年文物版，第179页；1989年社科版，第172页）。敏泽先生硬删去原文中写得明明白白的"宋人开始了题字作诗"等等字句来进行断章取义，这能算是正当的批评吗？

（2）《历程》这一论断本自清人钱杜《松壶画忆》："画之款识，唐人只小字藏树根石罅，大约书不工者，多落纸背。至宋始有年月纪之，然犹是细楷一线，无书两行者。惟东坡款皆大行楷，或有跋语三五行，已开元人一派矣。"（《历代论画名著汇编》1982年文物版，第523—524页）敏泽先生号称治中国美学史，却连这种普通书籍也不去翻翻，"这让人说什么好呢"？此外，如清人王槩《学画浅说》也说："元以前多不落款，或隐之石隙，恐或不精，有伤画局耳，至倪云林字法遒逸，或诗尾用跋，或跋后于诗……"（同上书，第617页）敏泽先生为什么不去查查呢？

（3）现存宋画，绝大部分并无题诗，题诗者为数极少，屈指可数。"从最顽强的事实出发"，如何能作出"遗迹犹大量存在"的轻率论断呢？这是一种甚么学风？

批评还说，"有一篇文章仅就该书（指《美的历程》）第九节（共21页）就指出了其中常识性错误达十几处之多"。为什么敏泽不具体举出几处呢？该文我还记得，倒可代举一二。该文曾严厉批评"孔雀升高必先举左"漏"先"字，"刘李马夏又一变也"漏"马夏"二字为"严重的常识性错误"，大作其文章。按此类推，该书各版中"郭沫若"误作"浅沫若"、"黄梨洲"误作"黑梨洲"均为"常识性错误"，于是乎"错误成堆"了。这种批评的确是"无论如何也无法理解的"。

其他，我就不想多说了。过去、现在和未来都会有这种批评，我不打算多作答复。只希望一点：当批评别人的学风时，批评者是否也应想想自己的学风？不作任何调查研究（如《历程》各版的差异等）、不顾事实却偏要喊叫"从最顽强事实出发"的学风和人品，是否也该改进一下呢？

20

泽厚兄：

十日信收悉。答侯文已阅，感慨万千。那文章我也看了的，显然是一种居心恶劣的手法，识者一看便知，窃以为仁兄实不必作答也。不论他们玩什么伎俩，仁兄对中国学术的贡献，《历程》的重要价值，都是否认不了的。中国知识界积下的仇怨越来越深了。这对中国有何好处？为什么那些自称是"马克思主义者"的人们不好好想一想。时局艰难，我常情绪不佳，非仅为个人也。

"唐代佛学与美学"已着手写。此章较长，恐需十余日方能寄上。"殷璠"章想已收。

祝健，问候嫂夫人。

弟 纲纪
十一、十八

21

泽厚兄：

想一切均好。"殷璠"章未知收到否？久未得来信，当不是因什么缘故在生我的气罢？"佛学"章将完，月底可寄呈。

冯先生去世，虽堪称高寿，然看来颇受冷落，一些人的心胸是多么狭隘！听说你出席并讲了话，很高兴！他的成就的高峰当然是在写"三书"时。

据闻《人民日报》将发表你答侯文，这倒大出我的意外。完全应该如此，但愿真能如此。

新年将到，颇增怀想。问候嫂夫人。并祝
新年愉快、安乐！

弟 纲纪
十二、廿二，夜

武汉大学美学研究所
Aesthetics Research Institute of Wuhan University

泽厚兄：

十分信收到。答徐氏之问，感慨万千。那文章我也看了的，显然是一种居心恶劣的手法，说东一套做一套。他之实无必作答也。你俩，仁兄对中国学术的贡献，俊伟，仁兄更尤甚，为什么的贡献是有价值的，都是否认不了的。说黑秋下的攻击进东进西了。这对中国有何好处？为什么那些自称老"马列"之辈的人们不好、搞一搞、时势艰难，非当情独不佳，非仅为个人也。先生较想信佛学与美学已蒙多言上。殷种季老已步。

长，想著十余年方能写上。草纲纪先，十八。

祝健，问候婶夫人。

一九九〇年十一月十八日刘纲纪致李泽厚

一九九一年　6通

1

泽厚兄：

久未收到来信，非常挂念。今天（15日）方收读你在12月25日所写的信，知一切均好，甚慰。你出去走走，散散心，很好！大家对你很热情，当然一定是这样的。据云今年将在厦门开青年美学会，届时似亦可出去走走。

《美学史》一事，深望仁兄为学术计，一直参加到底，万勿作退出之念。说实话，我亦曾有止于二卷之想，后来觉得应全部写出方对得起许多青年。我也知港台、国外对一、二卷有批评，认为较之《历程》，回到教条去了。此实皮相之见。即令如此，你可解释、说明，由我负此方面之责就是了。

九二年全部完成，任务紧得很，仍当勉力。我现在的精力不及前，情绪仍常不佳。很想能提前退休，甚或弃学术而致力于书画。

"佛学"章逐一考察了唐代佛学诸宗派对唐代美学、文艺之影响。近期另用挂号寄上。包含律宗，对唐代文艺重视法度也发生了影响。柳宗元即是很好的实例。

乞多保重，祝一切好！

纲纪
一、十五

又，在出版方面，由社科续出是否有保证？谁来作责任编辑？估计黄德志同志对我大约会有意见，但如她愿意且能继续担任，也是好的。不论如何，大家总是相知多年的朋友了。不过，我不在京，消息又闭塞。究竟如何办好，由你决定。

2

泽厚兄：

久未去信问候。实常在念中也。禅家云：不言即言。类此。

自厦门归后，右手肩周炎大发作，极严重，穿脱衣服亦需人帮助，写字亦很困难。加之招生、评职称诸事杂入，"佛学"章至今未完，尚缺一节，未能寄呈，乞谅之。在下决不食言，年底定能交出三卷，请放心。手痛时虽未能写，然翻阅了不少材料，如传为王昌龄所著《诗格》，已可证其为伪托，实佛门中人所写。唐人亦有信其为王作者，盖如信《笔阵图》为卫夫人所作也。但此书仍有其价值，拟当专章论之。

赐赠之大作早收，初读一遍，颇受启发。然窃以为仍以选自《批判》一书者为最佳也。

去沈小住，甚好。然武汉发大水，防汛紧张，已宣布党员一律不得外出。顷接振斌信，言九月再去，这好。七、八月乃武汉大热之际，然数十年来已惯之矣，仍将于汗流浃背中写作。

诸事望多保重。有人要批，随他去好了，勿须在意。此辈非为真理，亦非为中国，其一心所求者，个人之地位权势耳！故不能容人，凡异己者，均欲灭之而后快。此辈如得势，中国危矣。然尚不致此，盖人间尚有公道在也。欲以"左"的方法解决中国目前问题，终将遭到失败。历史将会揭穿这些人的真面目。

又发起议论来了，就此带住，即颂
安健，并问嫂夫人好！

弟 纲纪
九一、七、廿一

3

纲纪兄：

久未通音讯，获来书甚慰。原以为兄在外界压力下不来信者。我一切如常，他们批他们的（也不过蔡仪及其门徒并敏泽之流积极而已）。所内对我甚好，一月去一两次收集信件，其余仍整天在家。五月曾去扬州几天，下半年尚有几次出差机会，但年纪日大，越发不想动了，八月院中要我去北戴河休养，人大常委会亦有组织，均决定不去了。原拟与兄等去沈阳（我从未到过），如今改在九月，亦好。三卷如能年底完成，亦大功德也。关于哲学，年来亦有小获，与兄或有异同，见面时可讨论。北京今夏雨水甚多，天气凉爽舒服。此复祝

康健

泽厚

七、卅

4

泽厚兄：

想近来身体一切尚好。

关于书的经费拨一部分至武大一事，经振斌同志交涉无效。我已去信请求汝信同志帮助解决。九人参加此书写作，工作开展起来需用一些钱。由我们垫付，再到北京报销，这办法既麻烦又做不到。因我无博士点基金，科研费亦只有八六年由校方资助之三千元，即将用完。由我个人垫付，家人定有烦言，且我经济情况也不是很好。深望此问题终能解决，以利工作进展。九二年（至迟九三年上半年）完成是有把握的，非虚语也。

明清部分已写出四章，我看稍改即可用。

三卷因中间有一不得不完成的任务而推迟了一下，但明年二月内可将全稿寄兄。唐代佛学部分写得甚长，分宗派逐一讲，已至禅宗，下月上旬的样

子寄上。关于王昌龄《诗格》，近有一小小发现，估计为天台宗之某一和尚所作。拟更详考之。唐之天台、华严二宗，对当时艺文有甚大影响，而历来论者多只注意禅宗。中唐拟将古文、元、白诗论合为一章，统论儒家美学在唐之影响。之后司空图为一大转折，实亦在一重要方面总结了唐之美学。由宋至明清，几全为司空图、苏轼、沧浪美学之天下矣。明清部分，多次告写者细阅《宋明理学片论》一文，将由此文之基本想法生发开去。明清美学真丰富，可讲者甚多。《片论》一文，深得其精要。已向写者略讲了基本线索及入手之方法。先要求他们写一提纲，经我看、改后再写。这样将来我的修改工作可减轻。三卷一完，我即转入宋元此卷之写作。待我写完此卷，他们所写明清部分大致已成，即回头来审改他们的稿子。但有关书画之部分，大部仍须由我再补足。

今年快完了，明年一月，我即五十九岁，确有"老"之感觉。精力大不如前，但仍在夜以继日地干。鞠躬尽瘁，死而后已，此即我的命运，别无他法。问嫂夫人好，并祷

安健

弟 纲纪
九一、十一、三十，夜

又，经费一事，你千万不要出面去争，听其解决好了。如若不行，也仍只好干，有何办法。

5

纲纪兄：

手札读后，感慨良多。[①] 但不管如何，此书总应完成。我向以对人民负责，对历史负责为原则，其他均可不计。是以当全书大体完成时，拟向台湾出版界交涉，出版当无问题。稿费且大优于大陆，以后再出大陆版，亦未尝

---

① 以下有删节。

不可。不知吾兄以为如何？只是台湾不愿分卷出版，而求一次完成，是以尽快完成全书，出版亦可大大提前。凡此种种，均请吾兄斟酌，并将意见告我以作决定，我已于近日获准出国一年，先美后德，均教课。此事国外已进行年余，着力不少，学者和外交途径并举，始于最近成功。但我心境反而不好，颇感怅惘犹疑。内子再三催促始办护照签证，估计很可能年初即将成行。

　　意绪不佳，杂务忙乱，草此数行，聊寄相思。前寄来稿件，已交聂振斌保存或寄你。并已决定黄德志不再担任责编。①吾兄与之联系宜注意，最好断绝来往。我已如此。

泽厚
十二、廿一

6

泽厚兄：

　　因连日大雪，行路不便，信及稿未寄出。今日收二十一日信，闻将去美、德讲学，甚以为慰。可趁此机会去看看公子，一叙天伦之乐。去后国外情况有其复杂性，深信仁兄当能应付裕如，不须多虑也。《美学史》一书，不论是否给经费，均决心完成之，成后看情况再商由何处先出。但连同一、二卷一起出－台湾版，这很好。我计划至迟在九三年上半年完成此书。前寄上三卷稿，烦振斌同志妥为保存，方便时我再去取。黄处早已无联系。行前望安定思绪，并注意身体。酒以少喝不喝为宜。毕竟年纪已大，万望善自珍摄为祷。去那边住定后，望给我来信。临书不胜思念。

弟　纲纪
十二月廿六，夜

---

①　以下有删节。

一九九二年　6通

1

纲纪兄：

　　我们年初离京，抵此已近一月，仍甚忙乱，近日方算安顿应酬（曾去外地两次）完毕，转入备课阶段，仍开中国思想史课程，但英语三年未用，大感荒疏，勉强为之而已，学生能听懂，彼此能交流，也就行了。

　　此次出来，美国有百余名教授（几乎囊括了整个汉学界）致函交涉，德国使馆也出面交涉，等等，始获成行。到此后略知详情，颇为感慨。因之，为酬德方盛意，将于四月中下旬赴德。

　　在此故地重游，但心境仍不甚佳（亦不太坏，因毕竟可阅读甚多材料，了解更多情况也），在美熟人虽比以前大大增多，但毕竟是异乡他国也。来此才一日，便有台湾电访，并迅速报道（尚无恶意或歪曲）。对我似相当注意，因此我想《美学史》如早日竣工，当能觅得一较好之出版机会。此外，尚拟设法于近一二年邀兄来美一行（或开会或短期讲学），如何？

　　匆此不一，祝

康乐

泽厚
二、□

2

纲纪兄：

来信早收到，不知我的第二信（中附有一则材料者）收到否？前信所云，台报消息大体已知，一切均不必萦怀也。我可惜不能写字画画（大作已悬挂墙上），否则生活将丰富许多，因此甚为钦羡。《美学史》不知进度如何？四川会议已开否？不能参加，深感遗憾。已在香港大体找到可靠之出版社（与牛津有关），所以我更望早日全部竣工（我和他们约好一次全部交稿，他们一次出齐，这样影响较大），如此巨著又难赚钱，本较不容易找到出版商，大概姑念我辈老朽，质量可靠，才能应允。（此事情勿与外人道，包括哲所及学生。）因之时间与质量乃关键。如何又快又好，乃需兄多费心力。我希望能陆续看到文稿，航寄（可由哲学所报销）务请留一份 copy，以防万一邮路丢失。等我八月回美后再寄不迟。

我偕内子于四月下旬抵德，此地亦一小城，标准的大学气氛，古老建筑，狭窄街道，风景优美如画，更多十九世纪情调，我仍上两门课（一门 lecture 演讲，一门 seminar）。《美的历程》德文版将于年底见书，被人盛赞不已，看质量将大大高于英译，德国人做事认真之故，逐字逐句扣了几年才定稿，可惜我的德文全部忘光，不能提出意见或建议了。

关于国内情况，海外报刊常有报道，半真半伪，姑妄听之而已。匆此，祝

康乐

泽厚

五、一

通讯处如信封。

3

纲纪兄：

五月廿八日信收到。吾兄画他日定能开拓新境，前无古人，愿为此预祝。吾兄或将以《中国美学史》一书及书画传世，唯不知对哲学—美学之基本理论仍将进行研讨否？附上香港信一封，国外出版甚快，德国才一个月即可见书，而国内则甚延缓，如何处理，届时再议，如何？

《历程》中有数则有关书法之引文，原未注出处，译者询及，我也答不出，因卡片等均不在手头，而此地书籍毕竟不够，尚请吾兄代查一下，并尽快示下为感：

阮元称颜书："元气浑然，不复以姿媚为念。"（马宗霍《书林藻鉴》中？）

米芾："一洗二王恶体，照耀皇宋千古。"

其他则大致找到出处了。如有问题，当再打扰。三卷能今秋交出，太好了，但叮嘱振斌，我已征得出版社同意，改换责编。①

在此已一月有余，近日连续去巴黎、维也纳、布拉格等地一游，均跑车看花而已，欧陆文化氛围大胜美国，也曾去近处 Hegel 故居，到处可见古迹斑斑，只科技、生活则仍不如美国之方便。特别是语言障碍难以克服，真可惜我们盛年不再，无端耽误，如能像朱光潜八年在欧，收获当良多矣。我已定八月廿四日赴美，去 Wisconsin 大学任教半年。

《华夏美学》在日似受欢迎（我仍认为此书比《历程》好），近闻拟译，要我写序。尚不知如何下笔为好。

估计国内年底前后，总应有所变化才好。附材料一则，供参阅而已，实乃明日黄花。匆匆，祝

全家康乐

泽厚

六.六

---

① 以下有删节。

4

纲纪兄：

前后数函均收到，谢谢。引文阮六条已经外调他处图书馆藏书，《书林藻鉴》查到，米芾条则此处"丛书集成"本《东坡志林》一书中未见，《志林》似多有不同版本，不知何种版本能有此条。又，"欧、虞、褚、陆，真奴书耳"似亦出自米芾，亦不复记得引自何书了。记忆力日渐衰退，真无可奈何。

我在此一切甚好，学期已结束，拟少作旅游后赴美，机票及在美住所均已定妥，通讯处（即住址）为：

501 N. Henry St. #912

Madison, WI 53703 USA

八月以后信可寄该处或该校历史系（非汉学系）：

History Department

Wisconsin University

Madison, WI 53706

似仍寄住所为快。

知兄身体日好，极为高兴。如能戒烟则更佳矣。同辈学人中真能以学术自立者甚寡，吾兄当为国为民而珍摄也。

国内经济似一片火热，尽管带来一些混乱，仍大好趋向。意识形态方面当然一时不会放松，但不加紧，也就行了，只知识分子生活相形之下可能更为艰苦了。这里能看到两岸报刊，包括《文学评论》不久前发表的蔡仪遗文（专批我的）[①]。不过我想读者们对此（包括对整个美学）也不会有甚么兴趣。《美学史》乃一历史性工程，当泽惠学林，传诸后世，所以甚望以下各卷如来信所云，材料丰富，分析细致。敏泽书始终未及翻翻，吾兄如有暇，不妨看看，并请将印象告我。此人《文学批评史》质量亦差，《美学史》不

[①] 指蔡仪《如何把美学研究推向前进（一九九一年）》，《文学评论》1992 年第 3 期。

应有何长处，但京中为之鼓噪，一二老年学者竟为帮腔，亦可怪也。所以我主张看一看，我有机会，也要看一看。①

寄上小照两张，浮云游子意耳。祝
康乐

泽厚
七、廿五

5

纲纪兄：

八月六日信早收到，今日又收王杰寄来之《东方论丛》一册②，请代致谢。首先拜读吾兄大文，觉甚好，一扫人云亦云，发人之所未发。以华严释唐，以禅宗讲宋（宋诗之某种生涩枯寂等趣味似与此有关），甚合吾意。但似需再引材料，多事发挥，论证再周详细密一些，则说服力将大增强而振聋发聩也。

《管锥》纠谬，其实也不妨一作，即使暂不发表也好。钱氏治学，我始终有买椟还珠之感，读了那么多中外典籍，得出的却只是一些残渣剩屑，岂不可叹而可惜。却居然被捧入云天，实则大有误于后学。《围城》一书，亦然。但竟无一人敢出来说个不字者。叹之。《谈艺录》为作者所自轻（也许仍是做作），其实胜过《管锥编》。

吾兄心境转佳，写文作画，甚为高兴。望在保健前提下双丰收。我仍一切如常，极少受环境影响，出来后虽受外界吹捧，邀约者甚多，但我心寂寂，依然如故。仍谢绝大多数交往，只教书上课，想些问题而已。但在德曾趁机自费旅游雅典、伊斯坦布尔、莫斯科、彼得堡等地，亦多感触。

泽厚
九月□日

---

① 以下有删节。
② 实指广西师范大学出版社出版的系列刊物《东方丛刊》，李泽厚所收为《东方丛刊》1992年第2辑，内收刘纲纪《唐代华严宗与美学》一文。又，王杰时任《丛刊》副主编。

6

纲纪兄：

　　七日信今日收到，邮路缓慢，不知何故？开会之故？吾兄写作日勤，收获日丰，甚为钦羡。我已三年未正式作文，似亦无此兴趣。记十年前兄即建议写游美观感，本来亦不费事，此次对雅典、君士坦丁堡印象颇深，但仍不想捉笔，懒惯了，一时难以改过来。当然，也仍在思考一些问题，但主要是应付教课，每周三次（两次讲课，一次讨论）。从未教过书，素无教学经验，现在只好勉为其难，重新学起——如如何掌握时间之类。且全用英语，而自己基础本来即差，年纪又大，幸而尚能应付，使一些年轻中国学生大感意外。因为他们来此或四五年或三四年，英文仍不甚好也。这也出乎我的意料。

　　《周易美学》[①]尚未收到，不知是否寄航空？如平寄则需时三月有余矣。国内情势想来日有变化，但商业化之侵蚀难以避免，只好如此了。匆匆，祝好

泽厚
十、廿

[①] 刘纲纪《周易美学》，湖南教育出版社，1992年5月初版。

一九九三年 4通

1

纲纪兄：

　　玉照并手札拜领，高兴之至。吾兄耳顺大寿，家人、学生团聚，定热闹非常，云天遥望，唯心祝不已。更望注意健康，摒弃杂务，包括不必撰写书稿，等等。弟多年经验：除千字短文对付应酬外，余只按自己计划写作，谢绝中外一切稿约，至今如此。台湾曾以万字二千美元之重金约书稿，亦婉谢之。或不免因之得罪大小人物，但久而久之，人亦不怪，却赢来不少空暇时间，可以优游岁月，未必不佳也。愿以此经验提供吾兄参考，不知如何？出来已一年，承问"有何新见"，亦或有之，却仍难脱过去藩篱，如尊信前两次提及悼念冯友兰文，虽短拙，自觉尚重要。学生群中想必非议者甚夥，吾兄有何意见，均望告。华严一信，可以发表，但该信其内容（似涉及钱？）不复省记。为慎重计，可否 copy 一份寄下，待略斟酌后再定。如何？

　　弟在国内外均不爱交游，在 Wisconsin 时，东亚系（即中文系）即一次也未去，周策纵亦未谋面，虽已认识十年，对他亦无何意见，可见疏懒一成，难以改变，虽颇失礼，亦无可如何。来此后，武佩圣诸人亦尚未见面。国内友人颇少联系，徐恒醇亦未通信，他所写《科技美》[①]一书，如方便亦请寄下。我四月底离此，五月也许去台湾一次，曾多次相约，但亦未定。六月可能瑞典一行，亦会议也。八月仍回 Colorado 教课。

　　哈尔滨美学年会不知何月？如可能，弟亦思返国一行（请勿外泄），故

[①] 徐恒醇《科学美》，湖北教育出版社，1992年6月初版。

园之思无时不有也。匆此，
颂安

泽厚

二月□日

2

纲纪兄：

一月十日信收到。令嫒南去广州乃大喜事（尚忆八四年深圳匆匆一晤，当年楚楚少女，今又成家。岁月如斯，真令人感慨），不必感伤若是也。当然，吾辈均垂垂近老，往事萦怀，半成遗憾，亦平常事，但愿吾兄暮年诗赋（大作）动江关耳。倪瓒、四王文均拜读，我乃外行，不能赞一辞。重新评价四王乃理所必致，惟尊文似又略过；倪的诗文、思想或仍为儒家，但其画境给人以深沉禅意（但又全不同于日本禅之"地道"），其中关系、奥妙，我也完全不懂。

武佩圣已于日昨见面，人似甚好，尚未及详叙，他将于近日来大陆。

我一切如常，生活亦如旧，懒散少动，好吃贪睡，惟名利心日趋淡薄，或一进步。死生有命，富贵在天，一切任其自然为好。祝
全家安好

泽厚

二月廿三日

3

纲纪兄：

二月廿三日信收到多日，忙于上课，也忙于阅读一些报刊，对时事大有各种消息及评论，见闻不少。来信所云《中国时报》报导未见到（能否复印一份寄下？），但港台许多其他报导（有的是大篇文章）均大体见到，可惜

无由寄兄一阅。出来后始知身价如此之高，一笑。

王晓波之《评论》①乃台之"左派"刊物，大概与北京上层有联系，亦曾来函约稿，王亦曾在文中提及我，我虽未之理会，吾兄撰稿似不必担心。国内情势转好，武汉亦应缓和，吾兄心境当有改善。《美学史》如能早日竣工，实大好事。全书仍望能贯串《华夏》（与兄意或相通，我视此书比《历程》重）、《历程》论点，兄意如何？台湾已两度约我访问，今年日程已满，以后再说。现台湾商业气息弥漫，大部头学术著作亦难出版，但总有机会的。他们对我似颇感兴趣，以前曾多方约稿均拒之，现在似可承诺矣。

兄来美事当尽力进行，估计至早需明年秋冬。英文没有问题，多少中国学者一句英语不会，来此却已多次。吾兄人太实在，因此我决心一定要办成此事，出来看看玩几天，也是好的，梁漱溟、熊十力一生未来西方，实一大憾事。（忆八二年语梁，梁亦愿意，被上层卡住。）余不一一，祝

健康快乐

泽厚

三、十七

4

泽厚兄：

来信早拜读，因外出开会，回后又累极，身体不佳，加之琐务甚多，至今方来写信，乞谅！

非常感谢你的关切，当遵兄所嘱，努力把《中国美学史》完成。我想要还掉已答应而无法食言，且已拖得很久的四本书债（不会需太多时间），从此完全脱身，专心致力于此书写作（断断续续地干不行，也同我的写作习惯很不相容）。另外，特里尔大学邀我于明年上半年去讲学两月，也需花去不少时间。我多年蛰居武汉，差不多成为乡巴佬了。但愿此次能成行，出去

---

① 指创刊于1991年1月的《海峡评论》。

看看。

你身体如何？深望多保重。出去开了某些会，深感学术探讨的迟滞不前（包含我所见到的台及外国的研究者），盼望你有新著问世。

全国美学研究会定于十月十五日在京召开，不知有可能回来否。现在美学研究也很不景气，短期内也不会有太大起色。

奥运申办的失败在国内激起不少反响，我看可以使中国人头脑清醒些。西方不愿看到中国起来以及中西文化的差异、隔膜，当是失败的主因。其实办与不办有什么大不了。

山东出一关于中国现代哲学的大型书籍，中有关于你的传记、著作等许多条目，原是由赵士林写的，后来不能写了，主其事者找到我，要我设法完成。但我考虑到评论你的思想不是一件小事，也不是匆匆可以交卷的，故未应允。但我想将来如有时机与可能，倒是很愿来评述一番。至于目前该书如何办，只好由主其事者去设法解决了。我给他推荐了青岛大学中文系的一个青年人，也许可以写得差强人意。遥祝

全家安乐！

纲纪

九、廿五

武汉大学美学研究所
Aesthetics Research Institute of Wuhan University

泽厚兄：

来信早拜读，因外出开会，回家又买房，身体不佳，加之琐事甚多，至今方来写信，乞谅！

非常感谢你的关心，当遵先所嘱，努力把中国美学史完成。我想要还梅已答应而无信的信函，且已拖得很久的本来专债一一还清（太多的同行，从此完全脱身，专心致力于此书写作（继之继之地干不下行），也同我的写作习惯很不相宜）。另外，将至东大（邀我于95年上半年挂名讲学两月），也须先去办向。我为此多花点时间也已值了。忆及此次赴成都武汉，美不多成为多已侯了。你身体如何？深望多保重。出去开了某些会，深感学术讨论日益一包会我感到相当乏外国的研究本上，盼望你有新著问世。

全国美学会会于十月下旬在京召开筹备会，为研究会纪开学术。

致
礼

一九九三年九月廿五日刘纲纪致李泽厚（一）

武汉大学美学研究所
Aesthetics Research Institute of Wuhan University

泽厚：

短期内也无可能有太大起色。奥运会申办的失败在国内激起了不少反响，我看可以使中国人头脑清醒些，西方不愿看到中国崛起来。以今中西文化的差异、隔膜、冲突是客观的主因。其实无所谓有什么太大的过失。

我同意你等许多条目，之失事者中有关于你的传记，著作等我没法写，后来不得不由赵士林写。我没一关于中国现代哲学的大型书籍，要我说法完成，这是一件小事，但我没考虑到以后你如思想不是一家之言。故未签名。但我老了，要写其他的东西，倒是纪念庄来评述一番有时机另何找，倒是纪念庄来评述一番至于日常生的如何办文字自己解决了。我给他推荐了青岛大学的文字有没有的问题，也许可以写得让人满意去。一个青年人，也许可以写得满意。

遥祝令家安东！

纲纪
九·廿五。

一九九三年九月廿五日刘纲纪致李泽厚（二）

一九九四年 8通

1

纲纪兄：

　　先后大札均奉悉。因这半年教学工作较忙乱［我开"论语"一课（讨论班），要学生对照基督教，颇有意思］，未及他顾，亦少联络。德国之行何日启程？为期多久？卜松山常有信来，早已告我邀请兄来。记得在德时曾赠他《美学史》第二卷，他对吾兄也很熟悉了。他侧重文学批评，译陶诗，博士论文为郑板桥，与吾兄曾在武汉晤面。另，南开大学历史系张国刚亦在该校，此人不错，当可在生活上照顾。建议趁此机会各地各国游历一番，莱茵河波恩段风景如画，古堡亦大可观也。

　　我仍在此一切如常，生活甚好。此地气候极好，冬暖夏凉，舒适之至。身体似亦如前，并不累乏。仍照常午睡，与北京生活习惯、节奏无所变化。曾在《明报月刊》发了一些短文，想未看到。高兴的是，我一直以为《华夏美学》比《美的历程》要好许多，此点近日似逐渐为人认识。瑞典一大学以《华夏》为研读课本，刘小枫等人亦有同感。

　　美学会事，前张瑶均曾有信告知大体情况，想熟人会见不少，有何花絮否？敏泽等与会否？周来祥、郭因等人情况如何？我也许今夏秋再返京一次，时日未定，望能有机会晤面畅叙。余不赘，谨祝
全家福并春节安康快乐！

李泽厚
一、三

2

泽厚兄：

大札收悉，知在那边生活、身体均佳，很高兴！我在德时间是今年五—六月。估计能成行，当在四月底前往。我多年蛰在武汉，这算是第一次去西方。人老了，又差不多成了乡巴佬，但愿还能适应。我对德国思想文化有颇大的兴趣，今后如能为中德文化的交流做一点事，也是好的。

去年在京开的美学会进行顺利，气氛甚好。没有什么很特别的花絮。侯第一天去了一下就走了，神色冷然，不那么得意了。郭因未选上理事，所以未参加会。周来祥选上理事，出席了，但因未选上常务理事及副会长而颇感伤（我是完全主张选他的）。

还记得我们在一起学德语吗？我现在又每天学德语，决心学到相当的水平。另外，正准备一个讲稿，德国美学在中国的传播与影响，从王国维讲到现在，当中还有一节专门叙述仁兄对康德美学的深刻的研究。

我在八三年为邓以蛰先生编了一个文集，宗先生还写了个序。后交人民美术出版社，迟迟出不来。最近忽然收到此书，终算印出来了[①]。整整拖了十一年之久，可谓创纪录矣！我觉邓的文章看似平淡，实际很有深度，值得细读。现在邮寄上一册。

《华夏》与《历程》两者各有优长，前者的宏观的哲学概括胜于后者。闻有人用作教本，甚喜！

国内形势总的来说相当之好，我始终对中国前景持乐观态度。曲折会有，可能也很多，但中国人是一个有很高智慧的民族，总会找到办法来解决困难的。夏秋暑假中，如能回来小住，很好！

祝全家新春大吉，愉快！

弟 纲纪
九四、一、十九

[①] 指《邓以蛰美术文集》，人民美术出版社，1993年12月初版。

3

纲纪兄：

前后来信及邓以蛰文集收到。吾兄德国行已一切就绪妥当安排否？也不必过多准备，到时应付可也。我即如此。K. Pohl[①]人甚好，中文很好，乃德国汉学界之佼佼者。慕尼黑之 Wolfgang Bauer[②]，年岁较大，居汉学首位，著有讲中国乌托邦一书，材料征引奇特而佳，近曾来信，尚未及读。其他汉学家如顾彬（W. Kubin）等虽亦有名，实偏执而浅浮，从而力量比美国相差甚远。德国特别是 Trier，地处偏北，比武汉将冷许多，可带点衣服以免受凉。

国内民间学术刊物已收到多种，年轻学人作风似大有进步，虚夸已减，甚好甚好。我正研读《论语》，拟重译一次，因钱穆、杨伯峻诸译本似并不佳也。余不赘。

泽厚

三、十二

4

纲纪兄：

信收到，邓以蛰文集早收到，但尚未及读。德国行想快启程，夫人同行否？多长时间？讲几次？均在念中。祝一路顺风，万事如意。亦可能来信，并请代向 K. Pohl 致意。

来信提及教职事，兄去德后即可知道。国外情况与制度与国内很不相同，远不及国内灵活与自由，谋职颇不易也。年轻人尚可循序渐进，我辈老者几乎无缘。（我的情况略为特殊。）余不赘言，祝

---

① 即卜松山（Pohl, Karl-Heinz），为德国特里尔（Trier）大学教授。
② 即鲍吾刚（1930—1997），德国著名汉学家，下文"讲中国乌托邦书"当指其著《中国人的幸福观——论中国思想史的天堂、空想和理想观念》。

旅途愉快

　　　　　　　　　　　　　　　　　　　　　　　　泽厚
　　　　　　　　　　　　　　　　　　　　　　　　四、七

5

纲纪兄：

　　德国来信收到。初尝异域游子滋味，多味并陈，亦一经验也。德国名胜甚多，不知将逐一观览否？讲演进行如何？夫人同行否？均念中。我定六月中旬返京一行，拟住二月左右，如兄六月底返国，或可在京一晤？北京电话2255771-28。

　　我仍一切如常。年来思想似有进展，以后慢慢写出。《明报月刊》或将分期发我一专文《哲学探寻录》[1]，届时当请指教。

　　离德又忽忽近二年，与德国朋友极少联络，请代问 K. Pohl 教授好，Trier 大学刘慧儒、张国刚诸位好。余不一一，祝
健康

　　　　　　　　　　　　　　　　　　　　　　　　泽厚
　　　　　　　　　　　　　　　　　　　　　　　　五、廿

6

纲纪兄：

　　日前把握未及单独叙谈，颇以为憾。我于八月一日返美，拟计划明春再返京一行。届时再谋畅叙。如何？我亦可来武汉。《中美史》近年未敢催促。"朋友数，斯疏矣。"奉行孔老夫子教言之故也。已再嘱老聂拨款至兄处。数日前曾去新疆一游，观吐鲁番汉唐古城遗迹，颇不胜感慨。《美学通

---

　　[1]　李泽厚《哲学探寻录》，《明报月刊》1994 年第 7—10 期。后收于《原道》第二辑，团结出版社，1995 年 4 月初版。

讯》发我一对话，不知印象如何？望常来信（通讯处如前），可慰远思。匆此，祝

好

泽厚
七、廿

7

纲纪兄：

八月廿日信收读。此次仍感未及单独畅叙，包括对中西文化及当代学术情况及人物交换意见，颇以为憾。但愿来年能有机会补偿。今夏北京酷暑难耐，是以提前返此（此地气候奇佳，夏凉冬暖），拟明春由港再返京。国内年轻一代学人近年来有何创获否？武汉情况如何？国中新办刊物似有不少，吾兄亦曾翻阅否？21世纪中国文化当有异彩，但愿能见其端倪萌芽。上课在即，开始准备。余不赘。祝

全家安好

泽厚
九、十一

8

泽厚兄：

九月十一日信收悉。十月间曾去京参加孔子诞辰二五四五周年纪念的研讨会，大家很关心你，并一致选你为世界儒学联合会理事。国内情况我看甚好，将来容或会有局部的暂时的波动，大的动荡是不会有的。中国正处在巨大深刻的变化中，中国当代思想文化的建构问题必将成为重大问题，甚望仁兄能对此多多发表高见。儒学复兴或西化我看都是走不通的，我目前所持的基本想法仍是重新研究马克思主义，在马克思主义的基础上整合中西。我们

的老师辈渐渐离去了，我们这一辈也老了，在青年一代中，我还未看到很特出的人。中国当代思想文化的研究离不开对中国传统、西方思想、马克思主义这三个方面的研究，而他们对这三个方面都缺乏研究，大都是一知半解，知其一不知其二。但总的而论，比过去踏实些了，读书、研究之风在高等学校有明显的增长，这样下去，可望产生一些优秀的人才。目前的问题是缺乏能对青年加以正确引导的好老师。听说出了几个新的刊物，但我都未看到。依我推想起来，恐怕不会有什么特别值得注意的东西。局部问题的研究上或许会有某些可取之处，总体的、根本性的问题的解决上，我看不可能有大的起色。我一切尚好，只是日益有衰老之感，力不从心。上次在京，我看你的精神甚好，千祈多加保重。二十一世纪上半期我们肯定要入土了，但在此之前，仍可作一些事。《哲学探寻录》发表后，望复印一份赐下为感。

明年如能再见畅谈，乃一大快事也！

即颂

大安并问嫂夫人好！

纲纪

九四、十、廿

又，在京中开会时碰见黄德志，向我诉说她对你的怨气。我建议你们和解。

武汉大学美学研究所
Aesthetics Research Institute of Wuhan University

泽厚兄：

九月十一日信收悉。十月间当去京参加孔子诞辰二五四五周年纪念的研讨会，大家很关心你，并一致选你为世家儒学联合会理事。国内情况我看甚好，邓有年之危，寄或会有局部的新的波动，大的动荡是不会有的。中国正处在巨大深刻的变化中，中国当代思想文化的建构问题必将成为重大问题，甚望仁兄能对此多多发表高见。儒学究竟或西化我看都是重要问题，我目前坚持的看来就是马克思主义，左右克思主义的基础上整合中西。我们的老师辈都老了，左青年一代中我还未看到很好的人。中国当代思想文化的研究要不开对中国传统、西方思想、马克思主义这三个方面的研究，而他们对这三个方面都是一不知其一，不知其二。但总的而论，比之在高等学校有明显的增长，这样下去，再生产一些优秀的人才。目前

一九九四年十月廿日刘纲纪致李泽厚（一）

武汉大学美学研究所
Aesthetics Research Institute of Wuhan University

的问题是缺乏较对青年加以正确引导的好老师，听说出了几个新的刊物，但我都未看到。你我推想起来，恐怕不会有什么特别值得注意的东西。局部问题的研究也许会有某些可取之处，总体的、根本性的问题的解决上，我看不可能有大的起色。我一切尚好，只是已逐渐有衰老之感，力不从心。上次在京，我看你的精神甚好，千祈多保重。二十一世纪上半期我们尚有重要工作要做，但在此之前，仍可作一些事。一桥先生入土了，探寻君发表后，望室印一份赠下为感。明年如能再欠畅谈，乃一大快事也！

即颂
大安并问嫂夫人好！

纲纪 九〇，十，廿。

又，东京中丸会时碰欠责德老，向我诉说他对你的怨气。我建议你们和解。

一九九四年十月廿日刘纲纪致李泽厚（二）

一九九五年 8通

1

纲纪兄：

　　托郭齐勇等捎的口信，想已收到。我回京后即大感冒一场，发热咳嗽不已，至今尚未痊愈。原拟经汉返湘一行计划，只好改变，拟九月仍由港返美，计划来年当再回来。

　　《哲学探寻录》已发在国内北大出版之《文化的回顾与前瞻》一书（汤一介等编）①。请兄看后指正。我自己较重视此作，当然仍远未展开。回京后来访和出版社约稿者甚多，均未承应，只图如何安养晚年。但青年们殷殷热情，使人感愧。匆此不一，祝

好！

泽厚

二、十五

2

泽厚兄：

　　信悉。闻至京后感冒，甚念！想是旅途劳顿和北京天气太寒之故。尚望善自珍摄，完全养好后再回美，千万不可急于早行。知大作已在国内刊出，

---

① 书名实为《文化的回顾与展望——中国文化书院建院十周年纪念文集》，北京大学出版社，1994年12月初版。

很高兴！当细读。《文艺研究》上的访谈录①已看到。能发表，本身就是一件好事。索稿者甚众，而兄只图如何安养晚年，未承应，我很同意。年纪大了，身体是第一位的。我辈能在中国思想文化的发展中起到某种作用，构成前进道路上的一个小小的环节，足矣！何况兄之成就甚大，如要写，晚年可著一有较细密之论证的纯哲学著作。明年望能再来，并得晤谈。我一切如常。虽然也想还要干些事，但也常觉精力不济，且兴致欠高。所以很可能也就这么拖下去，再无大的起色矣。

《中国美学史》仍想完成之，但时间不能说定了，以免一再食言。一、二卷今后仍将由我们两人共同署名继续出版。三卷以下，兄如觉可不再署名，便中可通知一下出版社方面。江苏有一名苏雅者写信向我打听你的通讯地址。我因不明情况，未回复。曾将其来信在你赴港之前寄美，也许信至时你已离美了。言不尽意，即颂

康复！

弟 纲纪
九五、二、廿四

3

纲纪兄：

手示早悉。三卷以后署名事已向老聂强调讲清。我与社科早无联系，当由聂转达。

回来不意造访者甚多，宴请亦多，深感乏累。已定七日赴穗转港，逗留二周后返美。

陆续会到一些老同学，益叹年华不再，往事如烟。北京正将春暖而又行色匆匆，亦有怅然之感。不尽，此候

---

① 指李泽厚、王德胜《关于哲学、美学和审美文化研究的对话》，《文艺研究》1994年第6期。

春祺

　　　　　　　　　　　　　　　　　　　泽厚
　　　　　　　　　　　　　　　　　　　四、二

4

纲纪兄：

又久疏音问。原以为夏威夷能晤面，不意为政治局势所阻隔。吾兄近况如何？武汉情势文化状况若何？亦常在念中。弟一切如常，仍在此执教。闻国内已出版发表弟之著作如《原道》及《中国文化》杂志，不知有何反响否？今年曾在香港出版《告别革命》一书，引起猛烈抨击，但赞成者仍居多数。闻国内"左"派也将批我，真所谓一如往昔，老在"左"右夹攻中讨生活也。一笑。余不赘。祝

阖家安康

　　　　　　　　　　　　　　　　　　　泽厚
　　　　　　　　　　　　　　　　　　　九、十

5

泽厚兄：

正在想你，即收到来信，甚慰！大作《十年集》[①]出后，销路甚好，此处书店以至书摊均有出售。《探寻录》一文，我未听到什么反应。不论如何，是篇好文章，比"当代新儒家"们讲得好。《告别》一书，大约历史学界有甚为强烈之反应，谓据个人一时之政治情绪以诊断历史云。但我想不会搞什么"批判"的。我一切如常，兴趣是从美学而转向哲学了，希望对马克思的哲学作些研究。你知道我外文不行，此生唯读马克思的书次数最多，自觉也

[①] 指《李泽厚十年集（1979—1989）》，安徽文艺出版社，1994年1月初版。

有所理解。国内形势我觉甚好，会稳定地发展下去的。越发展，美国越恼火，自然会从各方面找麻烦。但只要应付得当，中国何惧于美国，了不起就是兵刃相见。台湾问题之解决亦然。这里并不愿轻动刀兵，但彼方甚蔑视大陆，奈何？总之，中国问题的解决，最终取决于大陆把自己的事处理好，把经济搞上去。普天之下，就看实力如何也。"财大气粗"，信然！今年十一月在深圳召开之国际美学会，不知你能来否。如能来，当可畅叙也。不久前在武大召开了徐复观讨论会，杜维明也来了。我就徐之美学思想作了一个发言，既充分肯定其成就，亦提出了问题。安徽教育出版社最近又出了《宗白华全集》，由林同华编，可谓搜罗宏富，共四大卷之多，有些文章甚精彩。宋光兄我于去年在广州一会上见了一面，他身体仍然很好。我约他写了一本《音乐美》①，年内可出来。

问候嫂夫人，并乞多多善自珍摄！

弟 纲纪
九五、九、廿

6

纲纪兄：

信收到。非常高兴。我非常赞同你的看法：对中国持乐观态度，并强调经济为基础，这也正是《告别》一书（完全非情绪作品）的要点。不知该书兄已看到否？（原恐邮寄丢失，于夏威夷开会时面陈。）如尚未见到，当嘱香港寄上一册。杜维明系活跃分子，并不专心学问，活动家学者之类型，中美皆然。"兵戎相见"（来信所提），决不至于，不断好好坏坏而已。中国如能不断迅速发展十年、二十年，必大有可观。世界当刮目相看，也一吐百年积弱之气。但此过程中问题甚多，且有各种危险趋势，如何及早认真注意研究，提些看法，乃人文知识分子之责。《探寻录》自以为乃重要文字，惜

---

① 赵宋光《音乐美》，湖北教育出版社，1996年8月初版。

乎识货者少。

又，不久前，《中国文化》曾发拙《论语》二章并序言[①]，不知看见否？有反应否？其中错字漏字等多至不堪卒读，如陶诗"有酒"竟误成"有酒有肉"，真可浮一大白矣。不尽之意，请珍重。

泽厚
十、九

7

泽厚兄：

这次又是正要给你写信即收到来信，好像是有某种感应。你的《探寻录》，我只是那次在家中读了稿子，所得印象甚佳。近日至书店，买了《原道》二辑，故又重读（细读）一遍，却感到似乎字里行间颇有对人生的哀伤之感，使我不安。我以为不必如此感伤。但今天读到来信，又觉你情绪昂扬了，很好！我辈能干什么呢？无非是做点学术文字工作，以期能对国家之富强多少有些作用罢了。而有时还不讨好，不讨好也仍然继续做。盖因目的是为国家，为人类，非为讨好也。我对中国向来是持乐观态度的，只是曾害怕会回到"左"的道路去。到邓讲话之后，就完全放心了。此次联合国会议，充分显示了中国在国际上的地位的提高。送该会一鼎，亦或有问鼎世界之意也。《告别》迄未看到，甚望能赐下一册。关于"论语"文，亦未看到，也未听到什么反应，拟去找来一阅。重注诠解此书，很有意义，望早日完成出书。另外，据说社科院有一人出了一本书专门批评你，这里尚未看到。我想不论他们如何批评，都不必在意。我感到中国目前思想分化很为明显，知识界亦相应分化为各种不同的圈子。这是不可避免的，也不就是坏事。我则仍相信马克思，拟作此研究。《哲学动态》采访了我一次，我直言所见，登在八月号上。[②]现寄上一份复印件。不当处请即指教之。深圳会在十一月十五至

[①] 见《中国文化》1995年第1期。
[②] 指《传统文化、哲学与美学：访刘纲纪教授》，《哲学动态》1995年第8期。

廿日开，你不能来，甚憾！大家都希望你能来。多保重身体，问候嫂夫人。

即颂

秋安

纲纪

九五、十、廿五

又，祝贺《历程》之英文版出版，《华夏》之日文版发行。

8

纲纪兄：

此信到时，想已从深圳归来。可惜该会早开数天，不然我即可参加了（十一月廿二日课程结束后拟赴香港一行）。大作拜读，颇为赞同。马克思主义作某种转换性的创造，仍大有前途，左右派均不识此，可叹矣。《告别》一书已嘱香港出版社奉寄，想不日或可收到，因手中已无该书，没法直递。左右两方均抨击该书，亦有趣。来信提及专书批我，乃本所谷方（"文革"中曾入北京市委会）撰，四十二万字，去年冬出版，该人（已六十岁）以此要求评升研究员，开始未被学术委员会通过，不知近况如何。我当然一笑置之。如我答记者问（载《东方》94年5、6期）[1]，如今又进入散文时代，人均自顾专业化，想在思想学术界再一鸣惊人，无论左右，均不可能。深圳会想能遇到不少熟人，有何趣闻花絮否？岁暮天寒，祈多珍重！

泽厚

十一月□日

---

[1] 指李泽厚、王德胜《关于文化现状道德重建的对话》（上）（下），《东方杂志》1994年第5、6期。

一九九六年　3通

1

纲纪兄:

　　想念中得来信,很高兴。只此信奇慢,竟走了廿天,一般五、七日可到。《今读》①承谬评,谢谢。自己并不满意,特别是"解",所以十家约稿,均坚决婉谢,近期不拟出版也。年来对中国上古思想似略有所得,容后慢慢写出。来信提及之茅某某,本一目中无人之狂徒,原贺麟先生学生,临解放前逃港者,一贯反共,无足怪也。《告别革命》来信未提,看来仍未寄到?来信谈及由于国际地位之提高,欧美学者对中国美学亦开始注意,信然。日前获 G. Blocker 信,中言及与兄合作写中国美学一书,此大佳事,不知进度和情况如何?我离此领域已近十年,也不拟再行返回,包括国外美学活动,我一般也均谢绝参加。近年心境更趋老化,常有世事浮云之感,倦于写作,更淡于名利,但如何能优游岁月,则尚未能妥帖安排。余不一一,近年仍计划返京一行。祝好!

泽厚
三、十

---

① 指李泽厚《论语今读》,该书稿后由安徽文艺出版社于 1998 年 10 月出版。

2

泽厚兄：

　　手书早达览，因事迟复为歉！《告别》一书迄未收到。听说关于辛亥革命看法有争议，近阅《人民日报》三月或四月初有一长文谈此[1]，猜测或与之有关。本想剪下寄你一阅，但后来却怎么也找不到那张报纸了。在深圳时曾遇 G. Blocker，他是很诚恳地望我写一本美学书，由他在美出版。我答应了他，但一时还不能动手。兄言心境老化，深望多保重，不必为此想。你在思想学术上的贡献是谁也否定不了的。我过去很想你回国工作，现在如觉归后人事、环境不顺心，则亦无妨谋取在美定居也。我也有老的感觉，但在力所能及的范围内仍想再做点事，七十岁决定退休画画、写字。今年邓以蛰先生将出全集，出版社要我为他写一年谱，以过去师生情谊，难以推却，故近日正在动手编写。另外，广西师大将出《马克思主义美学研究》年刊，一年一本，约四十万字，由我主持，不知你有兴趣与时间写一篇否，字数不限。此刊约请海外作者撰稿，想使之带有某种国际性。如你能推荐一两位在美较有名的学者，我们即可给他寄去约稿信（英文本）。有便时烦为之物色一下。不知美国研究马之美学者有何较著名之人。

　　问候嫂夫人。即颂
安健

纲纪
九六、四、十九

---

[1] 当指李炳清《辛亥革命是犯了"激进主义"错误吗？》，《人民日报》1996年4月6日。

武汉大学美学研究所
Aesthetics Research Institute of Wuhan University

泽厚兄：手书早已迟览，因事迟复为歉！告知一去忽忽未归到。听说先我赴香港开会议，匆匆会见面的机会为一见文谈此，猜想我与兄有关。东楚前下写你一信，但后来却怎么也找不到那些报纸了，在深圳时为国家他生我写一本美学书，由他车美出版。我答应了他，但已时过之难动去。兄言心境老化，尽生易多保重，不必为此想。你在思想学术上的贡献之谁也否定不了的。我也有想你回国工作，欢在如觉归去人事、环境不顺心，则亦无妨谋取在美定居也。我也有老的感觉，但左为他写些文的范围内做些事，再加邓以热先生马上要我为他写一年谱，以老师生情谊，难以推却，

一九九六年四月十九日刘纲纪致李泽厚（一）

一九九六年四月十九日刘纲纪致李泽厚（二）

3

纲纪兄：

前由美一函，想早达览。上周由汉城开会乃返京小住，可能七月由台赴美。家中电话已改为XXXXXXXX（直通），特此奉闻，容后再叙。全家康乐！

泽厚
五、十八

一九九九年　1通

1

泽厚兄：

惠赐新作收到，很高兴！诸说均甚重要（四期说很好），现通过此书予以简明之申说，很好！主管宣传部门可能会因见到书中有些碍眼的词句觉得不快，不知书中所论恰好是有利于坚持马克思主义的。相反，其他许多著作，看来全无碍眼之处，但与马克思主义相去不可以道里计，可以说，完完全全是在与马克思主义唱对台戏。但我有一个小小的建议，此类碍眼之话，此后不说亦无损于你的立论，且可免去麻烦。至少，大陆版可作适当处理，以广流传。

近年来有一无甚高见之想法，即以为当代世界最高之思想课题仍为马克思早已提出的社会主义的实现问题。盖当代思想所谈之种种问题，无论如何高深玄妙，实只有在社会制度之根本改造中方能解决也（记得尼采早期著作中亦有此说）。西方想使中国和平演变为资本主义，我看这是做不到的。相反，西方倒是会在生产力的不断发展中逐渐演变为社会主义。当然，此社会主义不会同当年马克思所说的完全一样，但根本的原则、精神不会变。准此以观，中国特色社会主义之探索与实践具备世界历史意义。近代以来，只有在改革开放后，中国才真正参与到黑格尔与马克思所说的"世界历史"中去，不再只是解决西方早已解决过的任务了。当然，一个原来封建的、小生产的经济长期占优势的国家要成为一个充分现代化的社会主义国家，谈何容易，恐怕你我都已看不到了。但目前能做到此种程度，已实属不易矣！我以此解序中所说"贞下起元"之意。后记写得令我感伤，希望只不过是你的游戏笔墨和发发牢骚而已。你在中国当代思想发展中的地位已经确立，不论有人如何说，均可置之不理也。且较之历史上许多思想家的遭遇，我辈仍可算是较幸运的。以此自解，何如？

安徽版《美学史》已收到，我始终把此书看作是我们的友谊的纪念与象征，并相信此书会流传下去。此次征订达二万册，颇有些出乎我的意外。它的再次问世会产生某些作用，可使读者（有一些人恐怕还从未读过）同已出的同类的书，包含思想史方面的书［如上海葛某某（忘其名）所著的思想史］作一比较。以非教条之马克思主义来论述美学史，并广泛涉及哲学史、艺术、文化史，或当以此书为初始耶？书中多处驳钱锺书说，亦可使读者看看。其人已逝，我也不否认他的成就，但反对将他神化、偶像化。记得当年虽向你说过欲著《〈管锥编〉纠谬》，不过说说而已，真写出来会气死许多人。此书确有不少谬误。

此处将开楚简讨论会，甚望能拨冗光临，以得面叙。我近年学董其昌画（他的用墨极好），自觉有所得，拟作一副以贺你的七十寿辰，裱好面呈。

即祝安健。夫人回来否？代问好。

弟 纲纪
八、三十，夜

又，书中引 Geertz 之语，实则马克思早说过："人们的社会历史始终只是他们的个体发展史，而不管他们是否意识到这一点。"（见给安年科夫信）

附录一

《中国美学史》第一卷后记

想把这本书的编写情况简略说明一下,因为这是一个经历了四五年有过好些变化的过程。

在 1978 年哲学所成立美学研究室讨论规划时,是由我提议集体编写一部三卷本的《中国美学史》,因为古今中外似乎还没有这种书。虽然,譬如美国的托马士·门罗(Thomas Munro)在六十年代也写过一本《东方美学》,其中很大部分讲中国;日本今道友信教授也有类似的著作。但我总觉得不但许多看法和我们很不一样,而且也都嫌太简略。例如今道的书,由先秦一下就跳到魏晋,根本不讲汉代,等等。总之,篇幅和分量都很不够,都并不是一部真正的中国美学史。而中国现已处在真正走向世界、开阔视野、奋发创造之际,似乎更应当仔细整理家藏,努力发扬光大,以贯古今,通中外,为发展马克思主义美学和对世界文明作出贡献。

尽管各种准备条件(如资料的搜集整理)还可能不够成熟,很可能要犯各种错误,但我想,无论如何,总该试一试才好,即使积累一些失败的经验也值得。于是也就不顾某些同志的不以为然,提出了编写本书的建议。室内、所内的同志和领导都欣然赞成,积极支持,把它列入了国家重点科研项目,并要我担任主编。

我和大家都很高兴。为准备写作此书,我整理了过去的札记,出了本

《美的历程》，想粗略勾画一个整体轮廓，以作此书导引。室内外一些同志积极地分头撰写了部分章节。聂振斌同志写了墨子、王充的初稿，韩林德同志写了孔子、孟子的初稿，陈素蓉同志写了庄子的初稿，郑涌同志写了荀子的初稿，韩玉涛同志写了孔子以前的初稿，刘长林同志写了韩非、阴阳五行的初稿，王至元同志写了老子的初稿，高尔太同志写了屈原的初稿。

只有我这个主编没有写，当然也动笔拟过一些提纲，对各章基本观点、脉络提出过一些看法和意见。但总之，还是主而未编。因为，我不久发现，要由我作主来不断地确定许多同志写作的内容、观点、格局、形式和进度，并把许多不同同志的文章编改成一本系统的书，使其风格、观念大体一致，的确是件异常艰难、非我性格和能力所可胜任的事情。会聚许多同志编书，似乎是六七十年代的常规盛事，也成功编写出版过一些著作。但我不自度德量力，贸然承袭此风，却只有自讨苦吃了。

怎么办？没有办法。加上自己还要忙于别的一些工作和写作，此书就一再拖延下来。幸亏1980年我已把刘纲纪同志拉来帮忙。开头他也只是分担部分章节，但他写得很快，也很系统，也非常赞同我提出的许多基本观念。于是，后来我就请他也来担任主编，并在参阅其他同志初稿（这些初稿的多数后来都以执笔者的个人名义分别在各刊物上发表了）的基础上，干脆由他一人执笔、重新写出全书各章。当他写完两汉部分时，我已经在美国，来不及组织大家讨论了。虽然刘纲纪同志来信说："全书的基本思想是你的，我不过作了些差强人意的阐明而已。这不是客气话。"虽然本书中好些基本观念如天人合一、味觉美感、四大主干（儒、道、骚、禅）、孔子仁学、庄子反异化和对人生的审美式态度、原始社会传统是儒道两家思想的历史根源，等等，确乎由我提出，如有缺点错误，应由我负责。虽然某些章节我也曾动笔作过修改增删，全书最后也由我通读一遍，定稿交出，等等。但我认为，我没有很好地尽到组织大家协同工作这一主编应负的责任。同时这里要声明，我只应任此书之过，不能掠刘公之美。没有他执笔作文，特别有时是在物质条件非常恶劣的条件下坚持写作，这本书是根本不能同大家见面的。如果这书对读者真有点甚么用处的话，功劳主要应属刘纲纪同志。

"文章千古事，得失寸心知"。这本书当然是有一些缺点的。我们以为，主要有三：一是可能对古人批判不够，肯定过多；阶级分析较少，强调继承略多。二是对某些材料、知识的掌握、解释和阐发上，可能不够非常准确和精当。三是文字不够理想，有些单调累赘。但这些问题一时不易解决，有的还是为矫枉而故意如此的。所有这些，希望得到读者们的谅解。

我曾想辞去这个主编名义，刘纲纪同志和其他同志都坚不同意。今天我就只好顶着这个似乎好看的"桂冠"，来写此检讨失职的后记。如实道来，以明全貌；知我罪我，一任诸君。此记。

李泽厚

1983 年 12 月

（《中国美学史》第一卷，中国社会科学出版社，1984 年 7 月初版。）

附录二

《中国美学史》第二卷后记

本卷由李、刘商定内容、观点、章目、形式,由刘纲纪执笔写成,李泽厚通读定稿。此一九八四至八六年事也。

李泽厚

(《中国美学史》第二卷,中国社会科学出版社,1987年7月初版。)

编后记

《李泽厚刘纲纪美学通信》出版，作为编者，有必要向读者作一些交待。

近十多年来，因为编撰《李泽厚学术年谱》的缘故，我和李泽厚先生的联系是比较多的。见面交流多次，邮件数十封，更多的是电话请教。每次联系，李先生很少主动讲起什么，总是我有所求教，他有选择地做些回答、解释，聊到高兴时，偶尔老先生也会宕开话题，作些与谈话话题有关或无关的发挥。但是，李先生从未主动提起过和刘纲纪先生通信的事。

知道两位先生有过许多通信的事，我是偶尔从《中国青年报》一篇报道中看到的。那篇访谈中，刘纲纪先生说："我现在还保存着在写《中国美学史》时李泽厚给我的七十多封信，每封信都充满诚挚热烈的友情，文笔也相当好。如果他同意，可以公开发表。作为老朋友，我们相互帮扶，走了一段不短的人生旅程。"访谈是 2007 年前后的事，而我在网上看到时已是 2017 年。其时，我正在张罗着修订《李泽厚学术年谱》，四处搜寻资料。这个信息太重要了！我赶紧向李泽厚先生求证。李先生表示："确有这回事，但不知道人家会不会接待你，愿不愿意让你看。"我想，凡事总得试试，碰壁了也无所谓。于是，我求助中国社会科学院哲学研究所刘悦笛研究员，刘悦笛又通过武汉大学彭富春教授，辗转拿到了刘府的联系电话，这样，我终于和刘纲纪先生建立了电话联系，刘先生也颇为爽快地同意了我择机去武汉看信的请求。

2017年12月初，我来到了位于珞珈山麓的刘先生寓所。刘先生很高兴，向其夫人介绍道，这是李泽厚介绍来的，专门来看信的。叙谈期间，刘先生回忆了两人之间的一些交往，还特意拿出一本十分精美的《刘纲纪书画集》，翻到其中一幅书法作品《唐杜甫诗〈春日忆李白〉》，并且轻声朗读了起来："白也诗无敌，飘然思不群。清新庾开府，俊逸鲍参军。渭北春天树，江东日暮云。何时一樽酒，重与细论文。"刘先生强调说："我在写这幅作品时，心里想的就是李泽厚！何时一樽酒，重与细论文啊！"刘先生还说："李泽厚的性格像李白，而我和杜甫相似。"我当即向刘先生提出请求，希望能得到刘先生的墨宝，就是重写这幅作品，并且题签注明，是为了纪念和李泽厚先生友情而写。刘先生答应了我，只是说时间要往后挪，当下手里还有7个博士生在读，指导论文的任务很重，很忙。我当时萦绕心怀的主要是信件——那些至为宝贵的信件，同时初次见面，也不敢造次，心想，来日方长，以后一定有机会的。谁知，这一极具纪念和象征双重意义的书法佳构，永远也无法再次重现了！2019年12月1日，刘纲纪先生走完了八十七年的人生征程。远在大洋彼岸科罗拉多高原的李泽厚先生，第一时间通过刘悦笛的微信送了挽联："忆当年合作音容宛在，虽今朝分手友谊长存。"如今，那个深秋的午后，在刘府宽敞的客厅兼画室和纲纪先生对话的情景，仍历历在目。写出这一段故事，我似乎有了一种记录和还原历史的感觉。

那次拜见刘纲纪先生的聊天，不知不觉大约进行了两个多小时。傍晚，刘先生坚持亲自送我到他家附近的武汉大学教工招待所，并安排入住。我就在招待所里安营扎寨，阅读并整理起那厚厚一大袋子李先生的书信来。尽管我知道李先生的字迹辨认起来难度很大，尽管我事先对刘先生夸过海口，我说我辨认李先生的字迹还是比较厉害的，在我撰写《李泽厚学术年谱》时，李先生在初稿上的修改和添加，许多地方可谓密密麻麻，但我基本都连认带猜地搞出来了，为此还得到过李先生的赞扬，但是，这一次读信过程中，仍然遇到很多"拦路虎"，因为对写信时的一些具体情境不甚了解，有不少字怎么"猜"也无法"自圆其说"。我是答应刘先生帮助他将信的内容输入电脑的，这有些地方"半通不通"连我自己也说服不了的通信，我是无论如何也不能就这样交"作业"的。因此,电脑输入的速度极慢,三天下来才做了不到三分之一。于是,我在征得刘先生同意后,只好将所有信件复印出来,带回苏州慢慢"考证""破译"。

回家之后的进展要顺利得多。一方面,根据《李泽厚学术年谱》,另一方面,依据李先生的著作尤其是两位合著的《中国美学史》,很多疑难问题便能迎刃而解。这样,大约有两三个月左右的时间,我完成了这批信件的电脑输入,赶紧发给两位老先生。令我惊喜的是,李泽厚先生看到我发去的电子稿之后不久,便也寄来一大包刘纲纪先生给他的信件。这可真是"天上掉下个林妹妹"!李先生纠正了我"破译"的一些讹错之处,有几处我们俩意见不统一,李先生说"我不可能这么说,这么说也不通",我说"白纸黑字,您就是这么写的"。再后来,我学会了微信,有几个字是微信拍照发过去请李先生确认的。当然,结果还是人家那位写信的人说得对!

刘纲纪先生的信整理起来很快,这当然得益于刘先生字迹规范,那可是书法家的手笔;而且,写得也很认真。仅从两位先生的通信字迹,倒也部分印证了刘纲纪先生的说法,一位像李白,潇洒奔放;一位像杜甫,恭谨合度。

接下来就是整理编排了,这涉及到全书体例。既然是双方往来书信,自然按年月先后排序,一一对应为佳,这样阅读起来也较方便。谁知道,实际上操作起来很难!一方面,信件本身不全,有缺漏;更重要的是,双方写信落款一般都是月、日,很少顾及年份,而信封上的邮戳,除少数几封寄自新加坡的可以看得清楚,国内的邮戳基本都是一个样,模模糊糊。于是,还得根据内容去做"考证",确定年份。应该说,这些"考证"工作花费了大量时间,但还是很难保证完全准确。若有讹错,当然责任在我。不过,两位学者围绕《中国美学史》写作交往、交流和磋商的大致线索脉络,已经是十分清楚了。

最后,转达李泽厚先生有关本书的两点说明:一、因在国内外数次搬家,刘致李的信,有不少遗失,不全。二、李泽厚为《中国美学史》写的两个后记,作为这本通信集子的附录。

还要予以说明的三点：一、整理过程中，在尽量保留原信用字的前提下，对书信中明显笔误之处，径改；二、原信存在部分标点不符现代汉语出版规范之处，亦径改，以上皆不另作说明；三、征得李泽厚先生同意，编辑对个别涉及隐私等不适于公开发表的内容作了技术处理，凡删节处都予以注明。刘纲纪先生生前，笔者曾就此和刘先生商量过，他也表示赞成。

感谢浙江古籍出版社应允出版本书，感谢丛书策划夏春锦先生以及本书编辑孙科镂先生为此付出的努力。尤其是孙科镂老师不仅为本书的编排提供了宝贵建议，同时在编校过程中，刨根问底，落水出石，纠正了原稿中的诸多疏漏，其一丝不苟的工作态度和审慎求精的编审功力，令我十分感佩。

这是一份记录《中国美学史》（第一、二卷）诞生过程和幕后故事的第一手资料，也是见证两位著名学者为中国美学事业倾心合作的一段学术佳话！唯一遗憾的是，因为种种原因，这部极具开创性意义的美学巨构没有能够终篇，否则，这本学术通信集会因之而更加丰满厚重。只能说，缺憾也是一种美。美好的事物总难免有遗憾，此事古难全！

杨斌谨记

2021 年 6 月于姑苏

"蠹鱼文丛"书目

《问道录》 扬之水 著
《浙江籍》 陈子善 著
《漫话丰子恺》 叶瑜荪 著
《文苑拾遗》 徐重庆 著 刘荣华、龚景兴 编
《剪烛小集》 王稼句 著
《立春随笔》 朱航满 著
《苦路人影》 孙郁 著
《入浙随缘录》 子张 著
《潮起潮落——我笔下的浙江文人》 李辉 著
《越踪集》 徐雁 著
《木心考索》 夏春锦 著
《文学课》 戴建华 著
《老派：闲话文人旧事》 周立民 著
《定庵随笔》 沈定庵 著
《次第春风到草庐》 韩石山 著
《藕汀诗话》 吴藕汀 著 范笑我 编
《学林掌录》 谢泳 著
《如看草花：读汪曾祺》 毕亮 著

书信系列

《锺叔河书信初集》 夏春锦等 编
《龙榆生师友书札》 张瑞田 编
《容园竹刻存札》 叶瑜荪 编
《李泽厚刘纲纪美学通信》 杨斌 编
《丰子恺丰一吟友朋书简》 杨子耘、禾塘 编（待出）

《丰子恺子女书札》　叶瑜荪、夏春锦　编（待出）
《汪曾祺书信笺释》　李建新　笺释（待出）
《来新夏书信集》　王振良　编（待出）